元伦理学译丛

实在地看理由

〔美〕托马斯·M.斯坎伦（THOMAS M. SCANLON） 著

吴童立 金 梁 译

Being Realistic About Reasons

科学出版社

北 京

图字：01-2018-6140号

内 容 简 介

托马斯·M. 斯坎伦教授是美国著名的伦理学家与政治哲学家，曾任教于普林斯顿大学和哈佛大学。在规范伦理学领域，他是当代契约主义的代表人物，著有《我们彼此亏欠什么》等。在元伦理学领域，他是一个非自然主义实在论者，本书就是完整表述其元伦理学理论的最新力作。本书的核心观点是一种“理由基础主义”，即道德和行动的规范属性是通过实践理由来说明的，而理由真理不能还原为任何关于自然世界的非规范真理。基于这一立场，本书讨论了理由的形式、规范领域的形而上学地位、动机、随附性、理由强度等一系列问题。

本书可供对伦理学感兴趣的读者阅读参考。

图书在版编目（CIP）数据

实在地看理由 /（美）托马斯·M. 斯坎伦（Thomas M. Scanlon）著；吴童立，金梁译 . — 北京：科学出版社，2021.8
（元伦理学译丛）
书名原文：Being Realistic About Reasons
ISBN 978-7-03-069526-0

Ⅰ. ①实… Ⅱ. ①托… ②吴… ③金… Ⅲ. ①元伦理学 Ⅳ. ① B82-066

中国版本图书馆 CIP 数据核字（2021）第 173980 号

丛书策划：侯俊琳 邹 聪
责任编辑：邹 聪 陈晶晶 / 责任校对：郑金红
责任印制：李 彤 / 封面设计：有道文化

科学出版社 出版
北京东黄城根北街 16 号
邮政编码：100717
http://www.sciencep.com

北京虎彩文化传播有限公司 印刷
科学出版社发行 各地新华书店经销
*
2021 年 8 月第 一 版 开本：880 × 1230 1/32
2022 年 3 月第二次印刷 印张：5 1/2
字数：150 000

定价：68.00 元

（如有印装质量问题，我社负责调换）

“元伦理学译丛”编辑委员会

总　　序

德尔斐阿波罗神庙的石柱上铭刻着三句箴言："认识你自己""凡事勿过度""妄立誓则祸近"。其中，"认识你自己"最著名。凭借它的力量，苏格拉底将哲学拉回了人间。时至今日，"认识你自己"不仅是认知科学的核心主题，也是伦理学，尤其是元伦理学（metaethics）的重要任务。"认识你自己"不只是认识自己的界限、自己的力量，更是认清自己的动因（motivation），认清什么样的生活才是值得过的。而当一个人开始思考应过什么样的生活时，他便开始了伦理思考。正如平克（Steven Pinker）所说："道德不只是心理学中的老话题，而是更接近于我们的生活意义概念。道德的善是给予我们每个人人之为人的感觉的东西。"①这句话背后的意思是，正因为我们有了道德感（moral sense），我们才会思考什么样的生活是值得过的。在此意义上，"认识你自己"就是认识你的道德感。

道德感是我们将某事评价为好与坏、善与恶的禀性（predisposition）。它被认为是人与动物的一个重要区别。当今主流的观点仍然是：只有人才有道德感。一些科学家试图通过实证研究来否定这一点。埃默里大学生存环节中心（Living Links Center）主任瓦尔（Frans de Waal）博士认为，所有的社会动物都有道德行为，它们的道

① Pinker, Steven. "The Moral Instinct", *The New York Times Magazine*, 2008-01-13: 32-37, 52-58.

德行为所体现出的道德原则是人类道德的根基。[①]一些哲学家也加入了反对的行列。迈阿密大学的哲学教授罗兰兹（Mark Rowlands）争论说，诸如老鼠、狗、黑猩猩之类的社会动物可以在好坏之间做出选择，因而具有道德感。[②]这样的争论涉及人与动物的共性与特性，很难判断。不管怎样，有一点是可以肯定的，动物即便有道德感，也与人的有很大不同。

人的道德感基于以下三种能力：①预见自己的行动的结果的能力；②做出价值判断的能力；③在不同行动之间做出选择的能力。[③]在这三种能力中，第一种最为基本。只有当我预见在邻居经常经过的路上埋下地雷会炸死他，我才有可能将此行动评价为恶毒的。埋地雷的行动本身不是一个道德行动，凭借相关结果它才成为道德行动。正是因为我们有了预见自己的行动的结果的能力，才能在不同事项间建立目的—手段联系：我之所以能够将某个手段看作是满足某个目的的手段，是因为我能预见它所产生的结果能促成那个目的。人的特别之处在于能在广泛范围的事项之间建立目的—手段联系。通过对不在场或不存在的事项形成心理表征，使它们被纳入我们的视野，与我们的需求关联起来。这种能力使得我们与限于直接生物需要的动物区别开来，能够以一种超然的（detached）态度对待环境。

伦理学的一个重要争论便是围绕目的—手段展开的。休谟认为，目的是由激情设定的，理由只能充当手段。用他的名言来说："理性是且只应当是激情的奴隶。"[④]而康德认为，理性可以为自身设定目的。这个目的以绝对律令的方式表现出来，为所有理性存在者所遵守。以

① de Waal, Frans. *Mama's Last Hug: Animal Emotions and What They Tell Us About Ourselves*. London: W. W. Norton & Company, 2019.

② Rowlands, Mark. *Can Animals Be Moral?*. Oxford: Oxford University Press, 2015.

③ J. Ayala, Francisco. "The Difference of Being Human: Morality", *Proceedings of the National Academy of Sciences*, 2010, 107 (suppl. 2): 9015-9022.

④ 休谟.《人性论》. 北京：商务印书馆，1996 年。

科尔伯格（Lawrence Kohlberg）为代表的理性主义者赞同康德的主张，将道德的根源归于理性。[①]而以海特（Jonathan Haidt）为首的直觉主义者则更倾向休谟，认为道德离不开情感。[②]格林（Joshua Greene）则认为，理性与情感是两个独立的道德源泉——理性产生典型的效用主义的道德判断，情感产生典型的义务论的道德判断。[③]以上进路预设了理性与情感是相互独立的两种官能。这个预设近年来受到了挑战。本译丛的作者之一赫尔姆（Bennett Helm）创造了"情感的理性"(emotional reason）一词来表达对理性与情感两分法的拒斥。[④]

正如我们所看到的，这样的争论已经从传统的思辨哲学延伸到了道德心理学。安斯康姆（Elizabeth Anscombe）曾睿智地指出，应该停止道德哲学的研究，直至合适的道德心理学出现为止。[⑤]尽管伦理学的研究从未因安斯康姆的呼吁而停止，但今天的伦理学越来越多地诉诸经验研究却是不争的事实。20世纪末，在后果主义和义务论回击德性伦理学的进攻时，规范伦理学开始出现了"经验转向"。正如弗拉纳根（Owen Flanagan）所说的，规范伦理学必须是心理上现实的，因此需要考虑道德心理学的实际研究。[⑥]不过，"经验转向"之后的很多研究，

① Kohlberg, Lawrence. "Stage and Sequence: The Cognitive-Developmental Approach to Socialization", in D. A. Goslin, *Handbook of Socialization Theory and Research*. Chicago: Rand McNally, 1969.

② Haidt, Jonathan. "The Emotional Dog and Its Rational Tail: A Social Intuitionist Approach to Moral Judgment", *Psychological Review*, 2001, 108 (4): 814.

③ Greene, Joshua. "The Secret Joke of Kant's Soul", in W. Sinnott-Armstrong, *Moral Psychology: The Neuroscience of Morality: Emotion, Brain Disorders, and Development*. Cambridge: The MIT Press, 2008.

④ Helm, Bennett. *Emotional Reason: Deliberation, Motivation, and the Nature of Value*. Cambridge: Cambridge University Press, 2007.

⑤ Anscombe, Elizabeth. "Modern Moral Philosophy", in W. D. Hudson. *The Is/Ought Question*. London: Palgrave Macmillan, 1969: 175-195.

⑥ Flanagan, Owen. *Varieties of Moral Personality: Ethics and Psychological Realism*. Cambridge: Harvard University Press, 2009.

即使是与规范伦理学密切相关的，也超出了规范伦理学的范围。更多地，它们被归入元伦理学。

回到前面所说的三种能力。第二种能力是将某事项感知为比其他事项更可取的能力。只有当我能看出放走猫比虐待猫更为可取时，我才能将放走猫这一行动看作是道德的，而虐待猫是不道德的。如果其他可选行动的结果是价值中立的或与价值无关的，那么这个行动也就不会被看成是道德的。按照这样的理解，价值敏感性是伦理判断的基础。在当代，这个想法通常是以“善为幌论题”（the guise of the good thesis）的形式呈现出来的。按照“善为幌论题”，所有欲求之事都被主体视为某种程度上是善的。有意图的行动，包括所有道德行动，必定是行动者视为善的行动。[①]这种思想可追溯到柏拉图、亚里士多德，中世纪的托马斯•阿奎那、近现代的康德以及当代的安斯康姆和戴维森（Donald Davidson）。对“善为幌论题”来说，最为核心的是诸如理由、应该之类的规范性概念（normative notion），应根据诸如善、价值之类的评价性概念（evaluative notion）来理解。伦理概念是典型的规范性概念，因此，如果“善为幌论题”是对的，那么，要理解伦理概念就得理解善和价值之类的评价性概念。

但当代更流行的是一种与“善为幌论题”相对的叫作“推掉责任”的观点。这种观点认为，诸如善、价值之类的评价性概念应根据诸如理由、应该之类的规范性概念来理解。这种观点的流行与安斯康姆等人所开启的“重新理性”的思潮密不可分。安斯康姆认为，有意图的行动是行动者依据理由所做出的行动。如果是这样，那么，要理解人类行动（包括道德行动），就得弄清楚什么是行动的理由，以及行动者是如何依据理由做出行动的。历史兜兜转转：两千多年后的我们似乎又回到了亚里士多德的原点。正如赫尔姆在他《情感的理性》一书的

① Orsi, Francesco. “The Guise of the Good”, *Philosophy Compass*, 2015, 10 (10): 714-724.

开篇所说："作为理解人的独特之处的准则，人是理性动物的观点在将我们自己理解为人类行动者的尝试中具有重大影响。"①

第三种能力体现了常识的自由概念。扣动扳机在仅当我有不扣动扳机的选择余地时是一个道德行动。如果一个行动完全不受主体的意识控制，例如膝跳反射，那么它就不是道德行动。一些人认为，道德行动需要以自由意志为前提。②但这预设了自由意志是自由选择的能力（康德持此观点）。实际上，这些观点是非常有争议的。当然，这样的争论更多地与形而上学而不是伦理学相关。

围绕第三种能力，与当代伦理学密切相关的讨论主要集中在实践理性上。实践理性是行动者依据理由决定自己如何行动的一般性能力。这种基于慎思（deliberation）的自我决定能力引起了如下两个方面的哲学问题：第一，实践理性具有什么样的结构以至于它是实践的？第二，实践理性具有什么样的本性以至于它是规范的？历史上，亚里士多德、休谟、康德等对此均有深入研究。当代元伦理学正是围绕这两个方面的问题复兴有关实践理性的讨论的，并常常与心灵哲学、认知科学以及行动哲学纠缠在一起。这样的广域讨论相当有成效，并在当代形成了"一种我们可称为实践理性哲学的东西"。③与伦理学或元伦理学相关的实践理性哲学问题包括：什么是规范理由？是什么使得某样东西成为规范性理由？更准确地，什么是规范性？规范性理由是如何辩护行动的？规范性理由是通过什么样的选择性情境特征决定我们应该做什么的？理由具有不同的规范性权重吗？不同种类的理由又是如何被整合到一起以产生一个关于一个人应该做什么的全盘结论（all-

① Helm, Bennett. *Emotional Reason: Deliberation, Motivation, and the Nature of Value*. Cambridge: Cambridge University Press, 2007.

② Bok, Hilary. *Freedom and Responsibility*. Princeton: Princeton University Press, 1998.

③ Sylvan, Kurt and Chang, Ruth. "An Introduction to the Philosophy of Practical Reason", in R. Ruth and K. Sylvan, *The Routledge Handbook of Practical Reason*. London: Routledge, 2020.

things-considered conclusions）的？

以上问题属于元伦理学的前沿问题。元伦理学通常被认为是研究道德思想与道德语言的哲学分支。它所关注的不是支配伦理实践的普遍原则，不是我们对他人或后代所负有的责任（这些属于规范伦理问题），而是道德本身是什么。探究道德思想是什么，道德语言是什么，这当然有助于我们回答道德本身是什么。但是，它们远非问题的全部。正如前面所说，理解道德本身是"认识你自己"的重要组成部分，需要道德心理学乃至认知科学的鼎力相助。正因如此，当代元伦理学已然从早期的语言哲学范式中挣脱出来，毅然投向行动哲学、心灵哲学、道德心理学的怀抱，与它们携手踏上"认识你自己"的漫漫征途。

"元伦理学译丛"所选的10本专著代表了近20年来元伦理学家在"认识你自己"上所做出的杰出努力。这些著作是在南加利福尼亚大学哲学系教授、澳大利亚天主教大学哲学研究所主任芬利（Stephen Finlay）的建议下挑选出来的。在此，我代表山东大学"意图与行动"研究团队对芬利教授表示感谢！山东大学"意图与行动"研究团队是一个基于研究兴趣的松散小组，由刘杰、王华平、苏庆辉、吴童立、荣立武、梁飞、李鸣鹤共7人组成。共同地，我们对人类行动，特别是基于实践理性的行动有着浓厚的兴趣。作为共同研究兴趣的一个体现，我们翻译了这套译丛。

《规范性的本质》一书是韦奇伍德（Ralph Wedgwood）元伦理学的代表作，其目的在于捍卫"元规范实在论"的哲学立场。如作者所言，该书可视作关于规范性本质的柏拉图立场的一个阐发和辩护。在该书中，韦奇伍德从形而上学、知识论、心灵哲学、语言哲学以及哲学逻辑等不同的角度系统地论证了"意向性是规范的"这一核心论点，作者认为这一观点是元伦理学的关键。

自摩尔（G. E. Moore）提出开放问题论证（open question argument）之后，许多学者群起驳斥自然主义式的还原分析，宣示自然主义的末目。芬利在《言辞的混淆：一个规范语言的理论》中采取自然主义式的还原分析，尝试从语言学的进路来为自然主义辩护。更精确地说，该书讨论的是关于道德与实践哲学中感兴趣的语词，诸如“好的”、“应该”与“理由”等语词的意义与用法。在该书的前半部分，芬利试图透过语言分析，论证这些规范语词（无论是否被运用到道德语境中）要求一个统一的语意论，而该书提供的语意论是目的关系式的（end-relational）理论。根据该语意论，规范语词指涉事物与其“目的”之间的概率关系。在该书的后半部分，芬利运用语用学的方式来解释规范语言在道德或实践语境中的使用。此外，芬利也运用其理论来处理了一些元伦理学中的难题。正如芬利在书中所说的，关于伦理学上的分歧（以及元伦理学上的分歧），源自言辞的混淆，意指在使用相关语词（像是“好的”“应该”）时，我们都在自说自话，甚至自身也不完全明白这些语词的意义，而芬利在书中提出一个统一的语义学来说明这样的言辞混淆是如何可能的。

“理由基础主义”（reasons fundamentalism）[①]是近几十年来兴起的一种重要立场，它声称理由是规范领域中唯一的基础性要素，关于实践理性和规范性的问题都可以通过理由获得理解。在《实在地看理由》一书中，斯坎伦（T. M. Scanlon）从本体论、认识论、动机论等角度全面地对这种立场进行了辩护。他把理由界定为一个由事实、行动者、情境和态度构成的四元关系，论证了理由所代表的规范领域为何是独立的，也据此为实践动机、随附性、道德分歧等问题提供一种说明。通过这些论证，斯坎伦反驳了基于欲望的非认知主义理论、基于合理性的建构主义理论、基于事实的自然主义理论等主流观点，他的元伦理学立场可概括为一种认知主义的非自然主义实在论。

关于行动理由的休谟主义理论认为，行动的规范性理由

① 理由基础主义对应的英文为 reasons fundamentalism，也可译为“理由基本论”。

（normative reasons）是依赖于欲望的，或者说最终是需要由欲望来解释的。这一理论近几十年来受到了很多质疑和攻击。施罗德（Mark Schroeder）的《激情的奴隶》一书对休谟主义理由理论进行了辩护。为此，施罗德发展出了一个特殊版本的休谟主义理由理论，即假言主义（hypotehticalism）理论。假言主义是休谟主义理由理论的一个还原论版本——它认为，规范性理由可以被还原为非规范性的术语，且所有其他的规范性属性和关系都可以用非规范的自然事实来解释。施罗德论证了，假言主义可以帮助我们避开那些关于欲望、目标等心理事实如何解释规范性理由具体机制的成问题的预设，从而也就回击了持有这些预设的对休谟主义理由理论的质疑和攻击。

许多学者相信，人们基于理由而去做出一个有意图的行动，而这似乎要求我们在该行动中“看到”其价值所在，并做出规范性判断（normative judgment），格特（Joshua Gert）在《原初的合理性：规范性与人类行动》中反对这样的观点，并试图提出一个新理论。第一章试图勾勒基本规范原则应该满足哪些条件。第二章的主要目标是透过几个思想实验与类比推论来论证实践理由扮演了两个角色：证成（justifying）与要求（requiring）。第三章基于内在论者接受的观点是假的来批评理由内在论。第四章作者提供一个规范理由的功能角色分析。第五章作者反对规范理由在决定行动的理性程度上有更高的价值。第六章作者将注意力转向规范理由的理想动机说明，并论证这样的说明有错误的假设。第七章是该书的核心，因为作者在此呈现、说明，并辩护自己对客观理性与主观理性的立场。最后的两章，作者将第七章的理论运用到当前的理由内在论争议上。

人们通常会引入理性来回答动机问题，主张说是理性要求人们意图去做他们相信自己应当去做的事情。很多哲学家认为理性的动机是关于理由的：一个人想要成为理性的就在于让他的态度正确地回应他的理由。布鲁姆（John Broome）在《推理得来的理性》一书中对这种混淆理由和理性的观点予以了反驳。以动机问题来说，一个人相信自己应当做什么，这关乎理由或理由的权衡。在此之后理性才开始发挥作用，比如说自制理性要求你的意图和你有理由的信念保持内在的一致性。不是说理性要求你的意图是有理由的，而是说理性要求你的意图与有理由的信念保持内在一致。更准确地说，理性是态度组合的一种结构性要求，可分为历时态的理性要求和共时态的理性要求两类。行动者有时会通过一个自动的过程来满足这些要求，但是当自动机制出问题的时候，他就需要一个有意识的主动推理过程来让自己的态度满足理性的各种要求。通过主动的推理，一个人从更不理性变得更加理性。

推理、理性和理由分享了同一个词根，即 reason①，因而这三个元哲学概念有着内在的紧密关联。当大部分人对理性概念的混沌不清感到绝望之时，格赖斯（Paul Grice）在《理性的面向》中指出：如果理性的本质是展现在推理中的能力，那么一个好的想法是去研究一下推理是什么，继而探索理性和理由之间的平行式联结关系，特别是关注实践理由和真值性理由之间的关系。这一哲学见解使得我们关注到，这些哲学概念中的任何一个都包含真值性和实践两个维度。格赖斯力图说明从哲学上跨越“真值性 / 实践”的鸿沟是如何可能的，进而论证理性（推理和理由）具有内在的统一规定性。

吉伯德（Allan Gibbard）在《思考怎样生活》一书中，继续为自己在《明智的选择，灵敏的情感》一书中所持的“元伦理的表达主义”辩护。一般而言，表达主义认为，对一个道德判断内容的解释，可通过解释它所表达的心灵状态来完成。所以，吉伯德最初完全用心理学来解释道德判断的内容。而在该书中，他试图在心理学之外，对道德

① 推理（reasoning）是 reason 的动名词形式，理性（reason）是 reason 的不可数名词形式，理由（reasons）是 reason 的可数名词形式。

判断的逻辑和认识论做表达主义的解释，以补充前期思想的不足。为此，他认为，对道德规范性的研究必须联系行动者的行动来分析，而每一个行动者都是一个“做计划的行动者”，规范思维其实就是一种“计划负载”（plan-laden）的思维。他在该书中主要从两方面论证了自己的上述立场。首先，他指出，“做事情”这个短语表达了一个决策，而决策思维的结构涉及逻辑推理，我们就有必要把“做事情”当作随自然事实而产生的东西，我们就有必要认为我们能够否定“做事情”。其次，他论证了规范概念就是“计划概念”，因而“做事情”的表达主义就可以扩展到“我们应该做什么”这个伦理学问题上去。如此一来，关于意义的事实就不再是自然主义的事实，意义是规范性的，它是一个非自然主义的概念。

赫尔姆的《情感的理性》一书有一个宏伟的目标，即拒斥当代心灵哲学和道德心理学流行的认知（cognitive）与意动（conative）两分。赫尔姆认为，拒斥这种两分可以解决或消解实践理性的两个主要问题，即“驱动问题”（motivational problem）和“慎思问题”（deliberative problem）。“驱动问题”是“关于我们选择某事为慎思的结果和我们受到驱动去追求它之间的联系的难题”。[①]“慎思问题”是在我们的价值概念被拽向主观和客观两个相反方向的情况下关于价值的慎思如何可能的问题。赫尔姆发展了一种详细的关于情感、欲望和评价性判断及其理性联系的替代理论。根据这一替代理论可知，情感是价值和动机的基础，是实践理性的组成部分，实践理性不仅能控制我们做什么，而且还能决定我们的价值观以及我们要做什么样的人。

阿帕利（Nomy Arpaly）和施罗德（Timothy Schroeder）的《欲望之颂》一书旨在构建和辩护一种以欲望为中心的道德心理学。其主要

① Helm, Bennett. *Emotional Reason: Deliberation, Motivation, and the Nature of Value*. Cambridge: Cambridge University Press, 2007.

观点是，据理由行动就是按内在欲望行动；理性不过是执行那些帮助我们决定想什么和做什么的心理行动的能力，那些行动本身也是受欲望驱动的。因此，理性即便不是激情的奴隶，至少也是欲望中的行动者所采取的有用工具。不过，内在欲望不只是行动的冲动，同时也可以引起广泛系列的感觉和认知影响。这一观点的道德后果是，具有善良意志（good will）就是具有渴望良好目的的内在欲望。行动者因执行善良行动而受称赞当且仅当他们是本着善良意志执行那些行动的；行动者有德性当且仅当他们具有有意义的善良意志且缺乏恶意。

正如我们所看到的，以上10本专著在人的道德感及其所依赖的心理能力方面做出了积极探索。这些探索对增进我们的自我理解大有裨益。人类在对世界的理解上取得了长足进步。广袤如浩瀚宇宙，渺小如微蔑夸克，皆为我们所认识。但是，人类在对自身的理解上却如滚芥投针，收效甚微。也正是因为问题的艰深与晦涩，它才会散发出不朽的魅力，吸引着一批又一批的思想者前去探险。这个译丛是为那些有勇气进行理智探险的人准备的。如果它能为徜徉在“认识你自己”的征途上的勇士提供哪怕最为简单的补给，我们也可告慰自己。

王华平

2021年8月2日于济南

前　　言 *vi*

本书是在我于2009年春天在牛津大学所做的洛克讲座的基础上修改而成的。非常感谢牛津大学哲学系的邀请，这一系列讲座激励我发展了自己在相关主题上的观点。也感谢哲学系师生与我进行了许多富有成果且令人愉快的讨论，尤其是在与罗伯特·亚当斯（Robert Adams）、约翰·布鲁姆（John Broome）、汤姆·赫卡（Tom Hurka）、约瑟夫·拉兹（Joseph Raz）、雷夫·韦奇伍德（Ralph Wedgwood）和蒂姆·威廉姆森（Tim Williamson）的讨论中，我受益良多。

2009年以来，我对第二讲和第四讲做了很大改动与扩充，第五讲则是彻底重写的。在修改这些讲座的过程中，一些与我的立场相似（尤其是与我第二讲中关于实在论和本体论的立场相似，尽管细节上有差别）的重要著作相继面世，包括大卫·伊诺克（David Enoch）的《认真对待德性》（*Taking Morality Seriously*）、约翰·斯科鲁普斯基（John Skorupski）的《理由的疆域》（*The Domain of Reasons*）、罗纳德·德沃金（Ronald Dworkin）的《刺猬的正义》（*Justice for Hedgehogs*）以及德里克·帕菲特（Derek Parfit）的《论重要之事》（*On What Matters*）。我受这些趋同的观点鼓舞，并尽量把这些著作都考虑进去。我和帕菲特的著作的关系尤其紧密。我们在研讨会上讨论过我们关于规范实在论的作品，他对我这些讲座的初稿也做了大量评论，使之有了重要的改进。跟以前一样，我从他那里受益良多。

在我改进和发展第二讲中的本体论观点的过程中，先前提出相似观点的那些哲学家——托马斯·内格尔（Thomas Nagel）、克里斯宾·赖特（Crispin Wright）、希拉里·普特南（Hilary Putnam）和泰特（W. W. Tait），对我影响很大。虽然我与他们的观点有一些不同，但我从他们那里学到了很多。我即使不完全同意他们的意见，也至少自认为正在朝着正确的方向前进。这使我备受鼓舞。

这几个讲座构成了我于2010年在隆德大学做的普芬道夫讲座和2012年在斯坦福做的康德讲座的基础。我在英国皇家学会哲学讲座上
vii 发表过第一讲的一个早期版本，其他几个讲座的一些版本也在若干所大学里宣读过。感谢听众的评论和提问。

我也特别感谢我的同事——塞利姆·博克（Selim Berker）、彼得·柯尔纳（Peter Koellner）、查尔斯·帕森斯（Charles Parsons）和希拉里·普特南。感谢他们与我进行的富于帮助且鼓舞人心的谈话，以及对讲座的各个版本提出的广泛的书面意见。还有许多人——至少包括保罗·博戈西安（Paul Boghossian）、安东尼·布鲁克纳（Anthony Brueckner）、泰勒·伯格（Tyler Burge）、罗杰·克里斯普（Roger Crisp）、马蒂·埃克伦德（Matti Eklund）、大卫·伊诺克、所罗门·费佛曼（Solomon Feferman）、基特·芬恩（Kit Fine）、理查德·克劳特（Richard Kraut）、托马斯·内格尔、沃德克·拉比诺维奇（Włodek Rabinowicz）、迈克尔·里奇（Michael Ridge）、西蒙·里彭（Simon Rippon）、迈克尔·史密斯（Michael Smith）以及约翰·斯科鲁普斯基——也慷慨地给了我许多评论和有用的建议。

我还要感谢我的研究助理亚当·克恩（Adam Kern），感谢露西·斯坎伦（Lucy Scanlon）帮我选定了封面图片并帮我做了许多其他工作。

我花了很长时间来思考这些讲座中涉及的一些问题。自1962年在保罗·贝纳瑟拉夫（Paul Benacerraf）的指导下撰写了关于数学柏拉图

主义的毕业论文以来，我一直在考虑该对卡尔纳普的本体论观点说些什么。这些经历使我走进了哲学。如果没有保罗的鼓励和指导，我永远不会以哲学为业。要是没有他，无论是本书还是我的其他哲学著作都将无缘面世。

目　　录

第一讲　导论：理由基础主义 *1*

1

当代元伦理学在两个重要的方面不同于20世纪五六十年代乃至约翰·麦基（John Mackie）写出《伦理学：发明对与错》时的70年代后期的元伦理学。在那个年代，元伦理学的讨论几乎全部集中在道德（morality）上——针对如何恰当地解释关于道德上的对错以及道德评价的其他形式的各种论断。时至今日，尽管仍然有不少关于道德的讨论，但占据显著位置的则是对实践理性（practical reasoning）[*]和规范性的争论，更一般地，是关于行动理由的争论。再广义一点讲，信念和其他态度的理由也越来越被认为是规范的，对它们提出的问题与关于行动的理由的问题被认为有着相同的本质。

另外，20世纪中叶的元伦理学也很关注**动机**（*motivation*）问题。具体到道德方面，这个问题就是行动者如何能够被他们的道德判断所激发去行动。在《利他主义的可能性》一书中，内格尔批评了流行的

---

* 作者在大多数情况下使用practical reasoning一词表达“实践理性”的意思，也有时用来表示“实践推理”。译者将根据具体语境酌情采用其中之一。——译者注

休谟主义教条，并将伦理和慎思的要求理解为合理性的[*]要求（rational requirements）。尽管如此，他还是将他所处理的问题呈现为关于动机的问题。他写道："我把伦理学看作心理学的一个分支。我的主张探讨的是它的基础，或者说终极的动机根源。"[1]而今，虽然人们仍然会讲动机，但更多地把问题放在**理由**这个框架（frameworks）里来讨论。具体到慎思和道德，问题就是：为什么人们有理由去做会在未来对他有利的事情以及道德所要求的事情？

2 我说整个元伦理学领域经历了这两个转变，或许带有一点个人倾向。这些转变可能只存在于我或者与我交流最密切的那些人的想法里。但是，无论别人对这个领域做怎样的概括，在接下来的几讲中，我都打算把讨论的重心放在我所做的两个阶段的划分的后半部分之上：我将聚焦于一般意义上的规范性，而把道德看作其中一个特殊情形；我也将集中考虑理由的概念——主要是行动理由的概念，尽管对其他种类的理由我也有一些话要说。

我的讲座将会为一种关于理由的实在论的认知主义（realistic cognitivism about reasons）提供一种合格的辩护。这种观点首先是一种认知主义，它认为关于行动的理由的论断可以是正确的或不正确的；它也是实在论的，因为它承认，那些具有确定真值的行动理由论断所涉及的情形存在着一些限定条件。

我将主张，理由真理在如下意义上是基础性的：它们不能还原为或等同于非规范性的真理，诸如包含物理对象和因果关系的自然世界的真理；它们也不能为"合理性""理性能动性"这些并非基源于理

---

* 作者在大多数情况下使用 rational 一词表达"合乎理性的"意思，译为"合理性的"，另一些情况下作者更偏重于"理性的"意思。译者将根据具体语境酌情采用其中之一。——译者注

1 《利他主义的可能性》（*The Possibility of Altruism*），第 3 页。（脚注只注明所引文献的标题。完整的出版信息见参考文献。）

由的概念所解释。理由还可能在另外一层更深远的意义上是基础性的：它可能是规范领域中唯一的基础性元素，其他的规范性概念——如**好**和**应当**——都可以通过理由来分析。我倾向于认为理由确实在这种更深远的意义上是基础性的。但是这个观点是有争议的，在下文中我不会去论证它。我将在仅限于刚才提到的前一个层面上为理由基础主义（Reasons Fundamentalism）作辩护。

2

常识强有力地支持了这样一个观念：存在关于行动理由的真理。考虑下列断言：

（1）对于一个正在驾驶一辆快速前进的汽车的人，“如果不转弯的话，汽车将会撞伤甚至可能撞死一名行人”这个事实是他转动方向盘的一个理由。

（2）“一个人的孩子去世了”这个事实是那个人感到伤心的理由。

（3）“听美妙的音乐并随之翩然起舞是令人愉悦的”这一事实是一个人这么做或继续做下去的理由。

至少对我而言，这几个断言显然是真的。但是要由此得出“它们 3
是不可还原的规范真理”这一哲学论断，可能就没那么容易了，因为这样就会带来许多需要解释的问题。考虑如下议题：

✓ **相关性**（*Relational Character*）：理由都是对于行动者而言的理由。如何理解这一相关性特征？

✓ **真值确定性**：关于理由真假的陈述，是否独立于我们对它们的意见？“存在关于理由的不可还原的规范真理”的观念是否蕴含不可接受的形而上学观点？

✓ **随附性**：关于理由的事实，与关于自然世界中发生了什么、什么导致了什么的事实是如何相关的？规范事实并不是蕴涵于自然事实，但至少许多规范事实依赖于非规范事实——后者变化时前者会变化，后者不变前者也不会变。这似乎令人费解，有待说明。

✓ **可知性**（*Knowledge*）：如果存在关于理由的不可还原的规范事实，我们如何能够知道它们？

✓ **实践意义**：在实践推理和对行动的解释中，理由判断和其他信念——例如关于自然世界的信念——起着不同的作用。如果这些理由判断也是信念的话，它们是如何发挥这种特殊作用的？

✓ **强度**：理由的强度是彼此不同的。比如说，转动汽车方向盘的理由要强于听美妙音乐的理由。如果“打方向盘以避免撞上行人”的行动会妨碍某人欣赏收音机里的音乐，这不是“不打方向盘”的充分理由。如何计算这个强度，是一个问题。

✓ **可择性**（*Optionality*）：有一些理由好像是“可择的”，即它们仅仅是一些可以当成理由的考虑。还有一些考虑则是“非可择的”，即它们提供的理由无论是不是决定性的，都应该予以考虑。在刚才的例子中，“听音乐的快乐”就是一个可择理由——如果一个人决定听音乐，那么将它算作一个理由就是有意义的。然而，至少在大多数情况下，“做 X 会显著降低某人死亡的风险”是做 X 的非可择理由，无论它是不是决定性理由。

3

上述所有问题似乎都可以借助这样的方式来回答：把理由解释为是以欲望为基础的。比如说：

（1）X 有理由做 *a*，仅当做 *a* 将有助于满足 X 的某种欲望。

或者

4 （2）X 有理由做 *a*，如果做 *a* 将有助于满足当 X 完全知道相关的非规范事实并考虑清楚之后将会具有的欲望。

这类观点解释了理由的相关性特征：理由是**对于**某人的**理由**，这个人具有相关的欲望，或者一旦掌握了完备的信息并考虑清楚就会具有这样的欲望。似乎也可以据此解释理由强度的现象：欲望有不同强度，即不同的动机性力量。一种关于欲望的理论会主张，一个理由强于另一个，仅当它所依凭的欲望在这种动机性的意义上更强一些。“有些理由是可择的”这一事实可以被解释为：**如果你欲求或想要做某事**就有理由这么做。“有些理由是非可择的”这一观点就可以被解释成：有一些事物有助于满足所有人都具有的欲望（或者说，当他们掌握了所处情形的完备的信息并考虑清楚时都会具有的欲望）。

根据这种观点，“我们如何知道我们有什么理由”这一问题似乎也不难解释了：至少有些时候，我们知道我们欲求什么并且知道如何去满足那些欲望。并且，如果欲望能够驱动一个人去做有助于满足它的行动，说一个人有理由做某事就是说他有一个可以通过这样做来被满足的欲望，我们也就能解释为什么理由具有动机效力了。

最后，欲望理论也会宣称自己能够解释随附现象。在一定程度上，这是很明显的：如果人们的行动理由是“他们的欲望是什么”和“什么行动将有助于满足这些欲望”这两个自然事实的函数，那么，只要这两个自然事实不变，人们行动的理由就不会变。

我相信，对理由的这些方面的解释力，是使得这类基于欲望的理论看上去正确的重要原因。然而，这类理论也有众所周知的困境。其中一些困境关乎对于“人们具有什么理由”这个问题欲望理论所蕴含的反直觉推论。无论一个人的欲望多么愚蠢，他或她都有理由去采取能够满足这个欲望的行动吗？那个司机有转方向盘的理由，真的是因为他有一个能够被该行动满足的欲望吗？如果将实际的欲望改成知情应具的欲望，并且对“当人们充分知情后会欲求什么”做一些适当的假定，这些困难可能会减少。但这个改动会为基于欲望观点的动机说 5
明带来新的问题，因为下述事实并不是那么显而易见：人们会被那些他们实际上并不具有、只在其他情况下才会具有的欲望所激发从而去行动。

我相信有大量的这类异议强烈地反对理由的欲望理论。但我想暂时把这些异议放在一边，转而考虑一个看上去更为深刻的反驳：就某个重要方面而言，欲望理论的解释力只是个错觉。这个错觉来自这样一个事实：这些欲望理论可以用两种完全不同的方式来理解，而对它们的表述往往没有对这两种理解方式做出清楚区分。

根据这两种方式中的第一种，会很自然地将欲望理论理解成关于人们具有何种理由的实质性的规范论断。宣称人们有理由去做那些会有助于满足他们的欲望的行动，这（在很多情况下）看上去颇为合理。按照我刚才提到的方式，这样的理论能够解释行动理由的一些特性，诸如它们的相关性特征和强度。（尽管“做某事的理由的强度与其动机效力成正比”这一观念似乎并不是那么可信。）但是由于规范欲望理论本身就是一个非常普遍的规范性主张，它似乎无法回应我所列出的许多其他问题。

如果说“不可还原的规范真理”这一观念存在一些严重的形而上学问题，那么规范欲望理论无法回应这些担忧，因为它本身就是一个这样的规范真理。规范欲望理论也无法为“我们如何知道规范真理”提供一个普遍解释。关于行动的理由，它只能提供一个一般性的实质主张：我们有理由去做任何满足我们的欲望的事情。这个主张如果是对的，那留给我们的就只剩下“指出哪些行动能够做到这一点”这一经验问题了。一个类似的情形是，“我们唯一有理由去做的事情就是赚尽可能多的钱”这一理论，只会留给我们“怎样才能变得有钱”这一问题。它不解决“我们怎样才能知道规范真理”的问题，而只是简单地给出了这样一个真理，并宣称我们知道它。上述这些要点可以总结成，规范欲望理论和理由基础主义并不是对手关系，而是与之完全相容，甚至有可能预设了它。

对欲望理论的另一种解释认为它提供的不是一种关于行动的理由的规范性主张，而是一种还原论主张。据此，说“p 是一个行动者去做 a 的理由”，仅仅意味着 p 有助于解释“做 a 如何有助于满足该行动者所具有的某种欲望”。[2] 6

照此解释，欲望理论有可能回答我所列出的一些问题。通过主张关于行动理由的事实是一种自然事实，它可以回应关于不可还原的规范真理的形而上学担忧。而通过主张我们可以凭借一般的经验探究来获知关于行动理由的真理，它也可以回应认识论方面的担忧。

然而问题在于，将关于理由的事实等同于非规范事实，是会使理由得到解释，还是会取消理由的规范性。根据这种理论，理由“引导行动”的力量似乎会成为纯粹因果性和解释性的。如果“一个人有强烈的理由不去做 a（并且没有与之相抗衡的做 a 的理由）”这一事实只是一个关于什么将会满足其欲望的自然事实，那么这个事实应该能够解释他为什么没有做 a，但这不能解释为什么他相信有这样一个理由（即相信存在这一自然事实）会使得他做 a 成为不合理的。

持有还原论的欲望理论的人如马克·施罗德（Mark Schoreder）将会如是回答：所有的规范性都是通过理由观念而被理解的。所以，如果**一个人具有一个理由仅仅在于“他有什么欲望”和“什么能满足这些欲望”这样的事实**，那么还原论的欲望理论就会保留规范性，因为它保留了理由的观念。[3] 所以问题就在于这种还原论主张是否应该被接受。我个人认为不应该，因为关于欲望的事实明显缺乏内在规范性含义。不过，只是简单地断言这一点似乎会使得讨论陷入僵局。要打破这一僵局，我们得考虑和评估支持这种还原论的证据。对施罗德而言，这个证据就在于他的下述主张：关于一个（喜欢跳舞的）人的欲望的

2 施罗德在《激情的奴隶》（*Slaves of the Passions*）一书中论证过这一点。

3 见《激情的奴隶》，第 79—83 页。

事实，而不是关于他享受的东西是什么的事实，是对他要去参加舞会
7 的理由的最好解释（对比另一个不喜欢跳舞的人的理由）。[4]这种说法并不能说服我。不过，在这里讨论这个问题就偏离主题太远了，我将在下一讲着手处理它。

于是，欲望理论似乎面临着一个两难的境地：要么它们始于关于行动理由的规范性主张，这样它们就无法说明理由的某些难解的特征；要么它们表现为一种还原性主张，从而完全取消了规范性。这就引出了两个问题。第一个问题是：有没有某种方式能够理解一种可以避免上述困境的欲望理论的吸引力？第二个问题是：规范欲望理论所提供的那种解释是否像它们看起来那样无法令人满意？我认为规范欲望理论的确不能令人满意，但并不是出于刚才讨论的那些理由——不是因为它缺乏解释的深度。我将在第四讲再回到这个问题。

4

对理由真理的另一种解释认为，理由可以奠基于合理性（rationality）之上。基于合理性的解释的一般形式如下：

（3）事实 p 是一个人做 a 的理由，当（并且因为）合理性要求这个人将这个事实视为支持他做 a 的。

这个表述的后半句借用了理由的观念——“将一个考虑视为**支持**（*in favor of*）一个行动的”那个观念，但它借用的仅仅是“一个行动者将某事物**当作**一个理由”的观念。这样，它就不需要（独立地得出）涉及“人们实际上有什么理由”[*]的结论。这一工作是由合理性概念来代

4　见《激情的奴隶》，第一章和第八章。

*　原文中的 what reasons people actually have，所指的并不是描述意义上的“事实上持有的理由”，而是规范意义上的“实际上（应当）持有的理由”。为避免歧义，特此说明。——译者注

为完成的：我们采用合理性概念来支持人们实际上有什么理由的结论。

存在着这样一种常见的“合理性”（rational）概念：合理性的行动就是由一个人所具有的理由（或者，假使他的其他信念为真时他会具有的理由）所要求或支持去做的行动。比如说，当人们说“做符合自己的利益的事（或者，假使他的其他信念为真时会符合其利益的事）是合理性的”，他们就是在这个意义上使用合理性概念的。这种理论无法通过合理性概念来解释关于理由的主张，反而是预设或者断定了关于人们持有什么理由的主张。

如果诉诸这种合理性概念，那么基于合理性的理由说明将会是微 *8*
不足道的，并且不能达成解释行动理由的目标。因此，我所考虑的那种理由说明必须使用这样一种合理性概念：它既不包含也不依赖于一种关于人们所持有的理由的实质性观念。

康德主义理论是这类观点中最常见的一种，它的基本主张是：绝对命令是合理性的一个条件。这种主张认为，任何将自己视为理性行动者的人，都必须将绝对命令视为实践理性的基本原则，否则就是非理性的。根据这个理论，*p* 是一个行动者做 *a* 的理由，就意味着，如果他没能将 *p* 算作做 *a* 的理由，就会与绝对命令冲突。到目前为止，这似乎只涵盖了广义上的道德理由。克里斯汀·考斯嘉（Christine Korsgaard）版的康德式观点对此做出了扩展：如果事实 *p* 对一个行动者而言是做 *a* 的理由但他没能将它视作这样一个理由，那么这就会和他所接受的某种“实践身份”（practical identity）不相容（对这种身份的接受本身是和绝对命令相容的）。[5]

现在考虑，一个将关于理由的主张建基于合理性的要求之上的观点，会如何解释上文中提到过的理由的诸种特征。这种观点能够解释

5　见《规范性的来源》（*The Sources of Normativity*），尤其是第 102—107 页、第 239—242 页。非康德式的基于合理性的理由理论，见约书亚·格特，《原初的合理性：规范性与人类行动》（Joshua Gert，*Brute Rationality: Normativity and Human Action*）。

上文所说的理由事实的相关性特征，因为在它看来，这些事实就是关于“行动者能够将什么（合乎理性地）看成是理由”的事实。它也能解释当关于理由的主张是正确的时，什么使它们成为正确的：如果它们的确合乎理性的要求，它们就是正确的。根据这样的解释，我们就能知道我们有什么理由，因为我们能够知道合理性的要求是什么，而只要我们是理性的，我们就会被激发去做我们有理由去做的事情。理由的“强度”能通过一种可称为“自上而下”（top down）的方式加以解释，这和欲望理论所提供的“自下而上”（bottom up）的解释相反。理由不像基于欲望的观点所认为的那样与特定的强度相伴而生。与之相对，当一个考虑支持做某事而另一个考虑反对这样做时，如果不做此事是非理性的，那么前一个考虑就是比后一个考虑更强的理由。

尚不清楚的是，基于合理性的观点如何解释某些理由的可择性特
9 征。但是我现在暂且不谈这个问题，而是先来看看这种观点相对于其
理论对手——例如理由基础主义——的一个主要优势。

这涉及考斯嘉所说的“规范性问题”，即理由如何获得其规范效力，或如她有时所说的，理由如何“抓住”行动者的问题。在她看来，那种笔者称为理由基础主义的观点——认为存在着关于何物是理由的事实的观点，不能对这个问题给出令人满意的答案。她说，如果作为某人的理由的那个考虑只是关于这个世界的一个事实，那么这个人仍然可能对此事实完全漠不关心。[6]

这里讨论的是一种怎样的“抓住”？如果这是指道德结论施加给我们的“抓住”或者说权威性，那么这可以通过它为道德要求做的事情提供了理由而得到理智上的解释。但是，从道德到理由的转向，在普遍意义上排除了这样的答案。关乎行动理由的结论的权威性不能通过给出进一步理由的方式来说明，因为对这个进一步的理由依然可以

6 《规范性的来源》，第 44—46 页。

提出同样的问题。

我们可以说规范性问题是动机的问题。但这里我们需要区分几个不同的议题。在第一种路径中，问题是：当一个人认为某些事实是行动的理由，如果这种想法仅仅是关于“某些东西是如此这般”的一个信念，那么他如何能被这种想法所激发从而去行动？这就是休谟留给我们的问题。我相信，正如我将在第三讲中论证的那样，理性能动性（rational agency）的主张为这个问题（也许可以称为动机的内部问题）提供了一个答案。在此我不讨论这个问题，因为我认为这不是考斯嘉所考虑的问题。

第二种通过动机概念来理解考斯嘉规范性问题的路径，把此问题视为动机的外部问题。这个问题是：当 *p* 是一个行动者做 *a* 的理由，如果这只是一个事实，它如何能够使得行动者接受并认可“*p* 是做 *a* 的理由”？行动者完全可以否认它是一个理由。如果他这么做了，我们能对他说什么呢？考斯嘉可能会说，理由基础主义者只会简单地坚持认为 *p* 毕竟还是一个理由，这就是该理论对于这个问题能说的全部了。[7] 这显然无法说服否认这一点的人。

我认为，如果动机问题被理解为可以通过对“一个人如何被激发 10
以某种方式对一个事实做出回应”的心理学解释来回答，那么这里的挑战就不能用动机问题来正确描述了。问题不在于这种心理学意义上的动机，而在于某种更像是规范性权威的东西。正确的问题不是一个行动者何以会对“*p* 是她做 *a* 的理由”这一事实做出回应，而是这样一个问题：为何只要她确实有那些理由就必须如此回应。这才是考斯嘉把它称为“规范性问题”的原因。

至于一个理由基础主义者（至少是我本人）在考斯嘉设想的情况下会怎么回答，她完全说对了。根据理由基础主义，一个行动者和一

7 《规范性的来源》，第 38 页。

个考虑 p 的关系在这种情况下仅仅是：**p 是这个行动者做 a 的理由**。对行动者的“抓住”只是在于这种关系：**作为**他或她的**一个理由**（在最强情况中就是决定性理由）。[8] 正如考斯嘉非常正确地指出的，理由基础主义者“坚持规范性的不可还原特性”。[9] 这里的根本分歧在于，对于为什么这种情况下行动者**必须**把 p 当作一个理由，是否能够且应该给出进一步的解释。

考斯嘉相信，为了解释这个“必须”的力量，我们得在**行动者身上**找到一些东西，基于这些东西，她必须接受 p 是她做 a 的理由。无论起到这种作用的东西是什么，它也不能仅仅是另一个关于“人们持有什么理由”的事实，否则整个问题将重新开始。同时，为了具有规范性的力量，我们所寻求的解释也不能只是一个心理学原理。因此，这个问题只能通过找到某种规范性（作为“必须”的基础）来解决，它不能源自“哪些东西是理由”的主张。考斯嘉在理性能动性的概念中找到了这种规范性。正如她所言，“康德主义者相信，道德论断的规范性根源只有在行动者自身的意志中才能找到”[10]。我相信，她在这里对道德主张明确提出的说法，在她看来也适用于所有关于理由的主张。一个行动者关于道德要求的主张，是基于她把自己视为一个完全地在
11 行动的人时所必须接受的东西。至于其他的理由，则是一个行动者基于她具有的其他更具体的身份而“必须”看作理由的东西。

5

一种观点认为，关于一个行动者的理由的主张必须建立在关于该

8 类似的表述见 R. 杰·华莱士，《规范性与意志》（R. Jay Wallace, *Normativity and the Will*），第 75—76 页。

9 《规范性的来源》，第 32 页。

10 《规范性的来源》，第 19 页。

行动者（或关于该行动者自己的态度）的某些已经为真的东西的基础上。令人惊讶的是，这种观点被很多理论广为采纳，其中甚至有不少根本不是康德主义理论。尽管有些夸大其词，我仍想说，几乎所有相信规范性理由但不认同理由基础主义的人都持有这种观点。

以吉尔伯特·哈曼（Gilbert Harman）的观点为例[11]，他写道，行动者的行动理由必须追随他或她的“目标、欲望或意图”。虽然哈曼没有明言，但我们可以根据他的观点进行补充，任何关于理由的主张如果不基于上述观点就无法“抓住行动者”。我相信更一般意义上的欲望理由论的拥护者也会持有类似的观点。比如伯纳德·威廉斯（Bernard Williams）认为，关于理由的唯一有效论断是他所谓的内在理由陈述——从行动者实际具有的主观动机集合出发，通过健全的慎思可以达成的东西。[12]

即使行动者当下并没有被某一个考虑所激发，威廉斯“健全慎思路径”的观点也允许这个考虑成为行动者的理由，只要行动者的“被如此激发”与其当下的态度有正确类型的联系就够了。这种联系可以用动机来描述，但在我看来，它说到底是一种**规范性**联系，指示其规范性的关键在于什么样的慎思路径才是**健全的**。[13]这种路径之健全性的作用就在于，它将理由规范地建立在行动者已经承诺的东西上，因此，行动者只要不是非理性的，就无法拒绝这些他已承诺的东西。

威廉斯曾经提出的另一个观点可能与此有关。在反驳“外在”理由的支持者时，他说，如果一个男人对妻子很坏而且根本不在乎这些，那么他可能会受到很多批评——说他残忍、无情等，说他最好是没这 *12*

11 见《捍卫道德相对主义》(*Moral Relativism Defended*) 中的表述。

12 见《内在理由与外在理由》(*Internal and External Reasons*)。

13 我之前在讨论基于欲望的观点时说过，从一个实际欲望说明转变到一个基于知情欲望（informed desires）的说明，可能会牺牲与动机的联系，而动机是欲望理论的标志性特征之一。但欲望理论家并不为此问题所困扰，这一事实或许可以支持我的观点——被描述为动机的东西实际上是在谈论合理联系。

样做过。威廉斯说，“外在理由”主张的拥护者还想走得更远：如果这个男人没有意识到他有理由以另一种方式对待他的妻子，那么他就是**不合理的**。[14]然而，如威廉斯后来认识到的那样，一个外在理由的拥护者并不需要如此主张。[15]我猜想，威廉斯一开始提出那种说法，是因为他自己认为，有关理由的主张必须“抓住行动者”——如果行动者无视这些理由就会遭到非理性的指控。因此，他认为他的对手也会那样主张。

类似的想法似乎也使得史密斯在《道德问题》一书中，把理由与一个人完全合乎理性时会欲求的东西等同起来。[16]“理由是由**那个人**完全合乎理性时（如充分知情、清楚思考等）将会欲求的东西所决定的”这一事实，确保了这个理由与行动者自身的联系可能紧密到足以使此人拒绝它成为不合理的。正如史密斯最近所说：“如果道德要求某种有限形式的利他主义，那么……有限利他主义原则就是……包括**肯定前件式**、**否定后件式**和手段–目的原则在内的四种推理方式之一。”[17]这里的观点似乎是，一个行动者所拥有的关于理由的主张如果是正确的，就必须是这个行动者若不是非理性就无法否认的主张。

将行动者关于理由的主张奠基于其既有的态度之上的做法，其部分吸引力可能来自一个关于行动理由的论辩情境。考虑威廉斯“一个男人认为没有理由更好地对待他的妻子”的例子——这也是哈曼所说的“外在推理”（external reasoning）的一个例子，在这种情境下，双方为他们各自持有的行动理由进行论辩。[18]这时候，关于一方的既有态

---

14 《内在理由与外在理由》，第 110 页。关于实在论者可能持有的主张，考斯嘉也做了类似的论述，见《出于理由而行动》（*Acting for a Reason*），第 213 页。

15 见《答复》（*Replies*），第 192 页。

16 《道德问题》（*The Moral Problem*），第 151 页及后续各页。

17 《客观性与道德实在论：论道德经验现象学的意义》（*Objectivity and Moral Realism: On the Significance of the Phenomenology of Moral Experience*），第 250 页。

18 哈曼，《实践推理的关键词》（Harman，*Notes on Practical Reasoning*），第 3 页。

度的事实（而非这些态度内容上的优点）发挥着尤为突出的作用。因为，如果你能够通过说“但你也接受这一点，而这恰恰是从‘p 支持 13
做 φ’这一事实中得出的”而“抓住对手的小辫子”，那么这会给你的论辩带来明显的优势。

我认为，值得注意的是，威廉斯在《内在理由与外在理由》一文中的很多讨论都涉及这样的情况：一个人试图迫使另一个人同意他有理由以某种方式行事。[刚才提到的那个男人虐待妻子的例子就是这种情形，欧文（Owen Wingrave）的例子也是。[19] 我认为这些都是典型的情况。] 考斯嘉在《规范性的来源》一书中的部分论证也假定了类似的论辩情境，她想象两个人在某件事是不是某一行动的理由上意见不一致。她注意到，面对对方的否认，一方只能徒劳地反复说“但这**就是**一个理由啊！”[20] 一个更有效的回应方式是，从对方接受的东西或一旦拒绝就会陷入非理性的东西出发来提出一个论证。

但是，使一种主张正确所需要的条件，不一定要与一个主张无法令论辩对手前后一致地予以否认所需要的条件相同。在关乎经验事实的主张中，二者肯定是不同的。我相信在关于理由的主张中它们也是不同的，这一点有待讨论。当我们转向哈曼所说的“内在推理”（internal reasoning）的情境时，我强烈地认为它们是不同的。“内在推理”是关于一个人自身拥有什么理由的推理。在这种情况下，仅仅根据如下事实并不能解决问题：基于一个人所拥有的某些欲求、意图或其他态度，他不能前后一致地拒绝某个关于理由的主张。一个人总是可以问自己，为什么要有这些态度——它们是否能够以相关的方式得到辩护。从行动者自己的视角看来，他或她自己的态度对于正在考虑中的论题来说基本上是透明的。

19 《内在理由与外在理由》，第 106 页。

20 《规范性的来源》，第 38 页及后续各页。

考斯嘉承认并强调了当一个人在思考自己有何理由时，这种反思“后退”的可能性。她说，在这种情况下，一个人必须不停地问“为什么”，直到“再问为什么就会变得不可能、没有必要或自相矛盾”的地步。[21]这就是她所谓的对无条件之物的探索。但是，在推断一个人有何
14 理由时，抛开是否有可能找到一个无条件起点（即其自身不包含对理由的实质性判断的那种起点）的问题不谈，首先要问的是：我们必须总是寻找这样一个起点吗？如果这种起点不是必需的，那么，我们要一直后退下去直到“再问为什么就会变得不可能、没有必要或自相矛盾”的主张也就不那么可信了。但是什么时候就没有必要再问了呢？我想说，这取决于一个人得到的答案的实质性优点——这个答案是否明显正确，或者是否有理由怀疑它。

因此，让关于理由的主张奠基于关于合理性的主张（即有关避免**不合理性**所要求的东西是什么的主张），这种做法在外在推理的情形中具有最大的吸引力。在内在推理中，首要的东西是关于正在处理的主题的实质性结论——在这种情形下，就是关于应该做什么的理由。这里出现了一种逆转，乍一看可能令人惊讶，其实并没有什么值得惊讶的。从某种意义上说，关于不合理性的主张要比关于理由的实质性主张更为内在。正如布鲁姆所说，它们只取决于主体自身思想的内容。[22]但是，这种关于不合理性的主张在内在推理中并不像在外在推理中那样重要。不过，在研究理由和规范性时，内在推理的视角则是首要的。从这个角度来看，理由如何“抓住一个人”的问题就恰如其分地消失了。现在只剩下一个问题：我有什么理由？

---

21 《规范性的来源》，第 33 页。

22 布鲁姆，《理性在于正确回应理由吗？》（Broome，*Does Rationality Consist in Responding Correctly to Reasons?*）。

6

在这些介绍性的评论中，我首先试图确定我将为之提供有限度的辩护的立场：关于理由的主张可以是正确的和错误的，同时这些主张是基础的——不能还原为其他种类的主张，也不能通过它们被说明。我试着展示这种学说貌似不尽如人意的缺陷，以此来说清楚我的立场。我考虑了两种为理由提供进一步解释的方案——基于欲望的和基于合理性的。我已经简单地解释了为什么我对它们都不满意，并将在接下来的篇章中做更多说明。如果这两种解释方案不能令人满意，而我又能在接下来的两讲中证明表达主义观点也应该被抵制，那么，除非有其他对于理由的一般性解释（我对此表示怀疑），否则理由基础主义将成为唯一正确的立场。纵使如此，我所列举的关于理由的各种问题仍 *15*
然有待回答。在下一讲中，我将从本体论问题的一般看法出发，论证不可还原的规范真理的观念不存在形而上学困难。我还将呈现一个关于规范事实和非规范事实的关系的学说，我认为，这解释了协变和随附的现象。在第三讲中我将论证，将关于行动理由的判断解释为一种信念，仍然可以说明这些判断的实践意义以及它们在解释行动中的作用。在第四讲中，我将讨论规范陈述如何可以独立于我们而为真，以及我们如何具有关于这些真理的知识。最后，在第五讲中，我将为实践理由的强度提供一个说明，并解释理由在什么意义上是“可择的”。

16 第二讲　形而上学的反对意见

1

我在第一讲说过，那种在以通常的方式仔细考虑理由时就会发现的、认为存在关于行动理由的不可还原的规范真理的观念，受到了三个方面的反驳：形而上学的、认识论的和动机论的（我更愿意将其称为实践性的）。形而上学的反对意见声称，对不可还原的规范真理的信念将承诺一些在形而上学上显得怪异的事实或实在，它们有时被看作与科学世界观不相容的。认识论的反对意见认为，如果真有这样的真理，我们也没有办法发现它们。实践性的反对意见认为，如果关于我们有理由做什么的结论只是对于某种事实的信念，那么它们就不可能具有理由通常被认为具有的实践意义。人们经常说，单凭信念自身并不能激发行动者做出行动。我认为这个反驳更应该这样表述：信念不能解释行动，或者说，不能使行动如同在人们接受有理由的结论时通常所做的那样成为合乎理性或不合理性的。这一讲中我将集中讨论形而上学的反对意见。

约翰·麦基（John Mackie）在阐述他对这一观点的看法时写道："如果存在客观价值，那么它们将是一种非常奇怪的、与宇宙中的任何事物都截然不同的实体、性质或关系。”[1]其他人也提出了类似的反对意见。将其描述为一种本体论上的反驳是很自然的：存在不可还原的规 17
范真理的观点，与关于“何物存在”的貌似合理的看法是不相容的。我不认为这里提出的问题是一个本体论的问题，但暂且以本体论的形式来考虑这个问题是有用的。

在其著名论文《论何物存在》中，威拉德·V. 蒯因（Willard V. Quine）提出，我们可以通过以下方式理解他所谓的“本体论承诺”：一组语句的本体论承诺是通过首先将这些陈述翻译成一阶逻辑语言，然后确定由这些陈述推断出的存在性主张来确定的。这些存在性主张表达了我们在接受那些陈述时在本体论上所承诺的东西。

蒯因的标准本身并没有说明我们有理由接受什么样的本体论，也没有说我们是否应该谈论以及如何谈论我们的本体论承诺。例如，我们是否应该避免对物理对象之外的任何事物做出本体论承诺，或者是否应该尽可能地限制我们的本体论。不过，对规范真理的本体论反驳却依赖于这种限制的观点。麦基的反对意见似乎是基于这样一种观点：我们所有的本体论承诺都必须被理解为关于存在于时空

1 《伦理学：发明对与错》（*Ethics: Inventing Right and Wrong*），第 38 页。公平地说，我应该指出，就像麦基写作此书的时代讨论这些问题的大多数人一样，他关心的是道德，而不是更一般的实践理由。当他谈到关于客观价值的主张时，他可能打算将这些主张与关于“主观”价值的主张进行对比。主观价值是关于一个人应该或者有理由做什么的，与道德主张不同，这些主张只在行动者具有某种欲望或目标时才成立。麦基可能并不反对这后一种主观的价值或理由主张。

但如果是这样，他的立场就会具有某种不稳定性。正如我在第一讲中所指出的，一个人有理由去做能促使他或她的欲望得到满足的事情，这本身就是一种规范的说法。事实上，它是一种“客观的”规范性主张，因为**它本身**并不取决于人们的欲望或目的。如果客观规范真理**在形而上学上**是怪异的，那么这个假定的真理（即人们有理由去做能够满足他们的欲望或促进他们的目标的事情）就和任何其他真理一样奇怪。有些人认为所有行动的原因都取决于行动者的欲望，有些人认为有些原因不取决于行动者的欲望，他们之间的分歧是**规范性的**，而不是形而上学的。所以在形而上学的范围内，麦基的“怪异性论证”反对任何形式的不可还原的规范真理，而不仅仅是客观的道德价值。至少我是这样看待他的论点的，我希望这对他还算公平。

中的物理世界里的东西的主张。当他说客观价值将包括“与宇宙中任何其他事物不同”的实体、性质或关系时，这个物理世界就是他心目中那个“宇宙”。同样的假设也暗含在人们经常听到的指责中：存在不可还原的规范真理的观点与科学的世界观不相容。我们的本体论承诺应该被限制在由科学描述的粒子和行星组成的物理世界中，这一观点可能被许多人推崇为一种明智的自然主义。但我们不应该接受这个看法。

18 科学是理解自然世界的方式之一。它的结论代表了我们对这个世界中有什么和发生了什么的最佳理解。接受科学是理解自然世界的方式，就意味着拒绝接受与科学不相容的关于这个世界的主张，比如关于女巫和鬼魂的主张。但是，接受关于自然世界的科学观点并不意味着接受这样的观点：唯一有意义的具有确定真值的陈述是关于自然世界的陈述，或者在蒯因的意义上说，自然世界中的事物是我们唯一应该在本体论上承诺的事物。

在蒯因的构想中，对物理世界的重视从一开始就是排他性的。他所关注的理论仅仅是关于冲击着我们感官表面的那个世界的。这直接排除了无法进行自然主义还原的规范性。它似乎还排除了对数学实在例如数和集合（它们同样无法进行自然主义还原）的本体论承诺。但是蒯因的整体主义把数学和逻辑真理看作我们的世界理论中最抽象的部分，它们作为整体面临着感官经验的裁决。最好的那种理论是否应该对数或是集合进行量化，这是一个科学问题，即最好的（最成功和最简单的）整体科学理论是什么样的。因此，当谈到一些逻辑学家提出的建议——“科学对数学的所有需求都可以由一个贫瘠的根基来提供，即被称为直谓集合论（predicative set theory）的东西”时，蒯因写道：“这些成果来自简化和经济的思维方式，它在自然科学那里作为一种进步而被称道。这是对世界的整体系统进行紧缩化和线性化的问题。”[2]

这种观点有些怪异。说物理世界除了粒子、山脉和行星之外，还**包含**数和集合，这听起来有点怪。蒯因并没有这么说。但如果数和集合不是自然世界的一部分，并且有对“这些东西存在”的观点的严肃的本体论反驳，那么就很难看出，对数和集合的量化如何可以证成关于它们存在的真实承诺，而不是流于一种虚构主义——它们只是在话语的实践中**显得**存在而已。我稍后将回到这个问题上来。

我认为，思考这些问题最合理的方式是这样一种看法：它不是给予科学以特权，而是把数学、科学、道德和实践理性等一系列领域都包括进来共同作为基础。它认为，在所有这些领域内的陈述都可以有真假之分，进而存在相对于其所在领域的陈述的真值，只要它们不与其他领域的陈述相冲突，这个真值就可以通过其所在领域内的标准恰当地得到确定。数学问题，包括关于数和集合的问题，是通过数学推理解决的；科学问题，包括关于玻色子存在的问题，是通过科学推理解决的；规范性问题是通过规范推理解决的，诸如此类。[3] 这一观点需要在以下几个方面加以澄清。 *19*

2 《追求真理》(*The Pursuit of Truth*)，第 95 页。

3 我的观点与卡尔纳普（Carnap）在《经验主义、语义学和本体论》(*Empiricism, Semantics, and Ontology*）中表达的观点有明显的相似之处。然而与卡尔纳普相反，我不使用“语言学规则”来决定那些适用于特定领域的程序，因为这会使用到那些正在被当作问题来探讨的术语。对于“数”、“集合”或“错误”等术语，人们可以一面使用它们，一面对关于这些事物的事实以及确定这些事实的最佳方式保有某种程度上的分歧，这并不会发生语言上的误用。我也不像卡尔纳普那样认为：……且“这些对象是否存在”不是一个有意义的理论问题。正如我接下来要说的，我相信可以存在关于某个领域的有意义的外部问题。不过，这些问题只能是关于“内在于该领域的陈述的含义或假设是否发挥了作用”。

第一个澄清涉及“领域”（domain）的概念。[4]如果我们把算术或集合论作为领域的主要例子，那么领域就很容易被认为是由某些特定类型的对象及其属性组成的一个范围。但这将是一种误导。例如，规范领域就不是某些对象的一个特定范围。自然界中的事物，如人和他们的行为，都具有规范属性，而大多数规范性断言都是关于这些事物的断言。即使在算术领域中，虽然有单纯关于数的断言，但也有关于物理世界的数的断言。所以一个领域最好通过它所涉及的断言的种类，进而通过它所处理的概念——比如数、集合、物理对象、理性，或道德上正确的行动来得到理解。

20 第二个澄清涉及回答某个领域内问题的标准。存在着数学标准用来回答数学问题，存在着科学标准用来回答关于物理世界的经验问题，还存在着各种形式的实践推理用来回答关于我们有理由做什么的问题。这些标准通常（部分地）包括有关领域的实质性原则，例如数学公理、道德法则和科学概括。但是，这些实质性的标准是通过对相关主题进行不太明确的编码化推理（codified reasoning）而得到辩护的，并且可以根据进一步的这种推理加以修订。例如，对集合概念的推理可以导致公认的集合论公理的改变，对道德观念的推理可以导致公认的道德理论和道德原则的改变。

正如这些例子所示，这种推理本身是内在于相关领域的。它通过诉诸我们对相关领域的基本概念的本质及其中最明显的特定真理的一般性理解来发挥作用。（我会在第四讲中更多谈到这种推理的内容。）一方面，构成所谓“科学方法”的标准是由我们对科学主题的概念框

4　也有其他人在我的这种意义上使用过“领域”这个术语。尤其见，泰特的《真理与证据：数学的柏拉图主义》（*Truth and Proof: The Platonism of Mathematics*）、《超越公理》（*Beyond the Axioms*）、《数学中的客观性问题》（*The Question of Objectivity in Mathematics*），及其《纯粹理性的起源：数学哲学及其历史论集》（*The Provenance of Pure Reason: Essays in the Philosophy of Mathematics and Its History*）的导言；罗纳德·德沃金的《刺猬的正义》，以及约翰·斯科鲁普斯基的《理由的疆域》。

架所证成的，这些概念框架包括空间中的对象及其与我们之间的因果作用（如蒯因所言，“冲击着我们的感官表面”）。经验科学的方法在预测和解释我们眼中关于这个世界的明显事实方面所显示出的成功也支持了这一点。这个过程的细节——特别是因果作用的角色，以及由此而来的感觉观察——是这个领域所特有的。但是这个过程的一般结构，在其他领域中也同样具有。当我说一个领域内的陈述的真值是由内在于该领域的标准和推理所确定的，我指的是包括所有这些类型的推理，而不仅仅是我们在一时一地接受的有关该领域内主题的特定实质性原则。

最后的两项澄清涉及一个领域与另一个领域的陈述之间的冲突。一个领域内陈述的真值，包括谈论存在的陈述的真值，是由内在于该领域的标准所设定的。这一论点只适用于我称为一个领域内的“单纯陈述”（pure statements）的东西，而不适用于混合陈述（mixed statements），因为混合陈述也对其他领域有所断定。在数论和集合论 21
中，单纯陈述是只使用该领域特有的概念（作为非逻辑元素）的陈述。规范陈述的情况更为复杂，因为它们对自然事实和属性的规范意义进行断定。比如说，“某个行为在道德上是错误的”这个主张不仅包括“任何具有特定后果的行为都是错误的”，而且还包括“这个行为实际上具有那些后果”。因此，这种说法的真实性既取决于经验，也取决于道德推理。在这一讲的后面，我将会更多地讨论单纯的与混合的断言。

我最后要澄清的是，这种以领域为中心的观点并不认为一阶领域是完全自治的（autonomous），也不认为唯有（不断发展的）领域标准才与其中陈述的真值相关。即使是一个领域的单纯陈述也可能蕴涵或预设其他领域的断言，当这种情况发生时，这些断言需要相互协调，它们中的一些需要被修改或放弃。例如，我们可能有关于女巫和灵魂的一阶理论。也就是说，我们可能已经建立了判断一个人是不是女巫，或者鬼魂是否出现的标准。但这些结论包含了对物理世界中的事件及其原因的断言：什么导致了或可以导致奶牛停止产奶，以及人们生病和死亡。这些断言与物理学和其他经验科学的断言相冲突，而这种冲突为拒斥女巫和鬼魂存在的观念提供了决定性的理由。[5]

更一般地说，对于一个领域内的推理是否适当，以及这些推理模式所支持的陈述（包括关于存在的陈述）的真值，可能存在有意义的“外部”问题。这种有意义的外部问题是关于一个领域内的推理模式是否实际上支持其所有结论，而之所以要求这些结论，是为了使得使用该领域概念的陈述为真或具有它们所声称的意义。它们是领域的外
22 部问题，是因为它们不能通过该领域的推理模式来解决，但是这些问题与内在于领域的断言具有关联，这又使它们成为与领域相关的。

有时候，就像女巫和鬼魂的情况一样，这些外部问题是关于自然世界的问题，需要用科学的标准来解决。关于神的一些主张可能包含这类断言，比如关于宇宙如何创生，或者闪电出现时发生了什么。如果关于道德或行动理由的断言蕴涵或预设了关于自然的断言，而这些断言又可以被科学提出的好的理由所拒绝，那么，一个使得这些断言为真的解释就会“与科学的世界观不相容”。但是，纯粹的规范陈述并不包含或预设这种断言。并且正如我将在第四讲中讨论的那样，我们有可能认识到规范真理，并不表示我们与规范事实、属性或实体之间有因果作用。行动者关于规范事实的信念可能激发他们去行动，这也不涉及他们与这些规范事实之间的因果作用。当然，如果不存在理性行动者，规范性断言就不会具有我们通常赋予它们的意义，这是事实。

5　哈特瑞·菲尔德（Hartry Field）对赖特与我类似的观点的反驳是不公道的。菲尔德说，给予这样的“一般标准”（ordinary criteria）以优先权，会要求我们承认诸如“上帝存在”和“宙斯降下雷电”这样的东西。我的论点拒绝这种反驳。见菲尔德，《廉价的柏拉图主义？克里斯宾·赖特论弗雷格的语境原则》（*Platonism for Cheap? Crispin Wright on Frege's Context Principle*），第155页。

因此，这些行动者的存在是实践领域的一个前提，而它原则上可以被外部论证所破坏。但我不认为这真的会发生，因为我相信理性行动者只是一种自然有机体，而这种有机体确实存在。

道德具有另一种外部前提。我们对道德的对错所做的断言，一般都假定存在某种道德标准，每个人都有充分的理由认真对待它，将其作为自己行为的指导和反对他人行为的依据。但是，理解道德和论证道德结论的通常方式，并没有弄清楚这些理由是什么，也没有证明我们有这些理由。因此，存在着一个外在于道德的问题，即确定一种行为方式是错误的通常方法，是否也能保证存在不做这种行为的好的理由。这个问题既不是科学的，也不是形而上学的，而是规范性的——一个关于我们有理由做什么的问题。

根据我所提出的观点，要决定接受哪些关于存在的陈述，我们只需要使用相关于不同领域的那些标准，并考虑一下我刚才描述的那种不同领域之间的相互作用。作为例子，我提到了数学和规范真 23
理的领域，因为它们经常被认为会提出本体论问题。但至于哪些领域是完全开放的，我暂时不做讨论。[6]领域的概念和卡尔纳普的框架（frameworks）的概念一样，似乎是一种需要论证的哲学装置，甚至可能引发本体论问题。但关于领域的问题不是它们是否存在，而是它们是否提供了讨论某些问题的有用方法。我使用的术语“领域”只是指这样一个事实：语句可以对不同的主题做出断言——有的对自然世界做出断言，有的对数做出断言，还有的对理由做出断言。这是一个常识性的想法。甚至认为关于某一特定领域（即某一特定主题）的问题应该通过对该主题的最佳思考方式来解决的想法，也是一种几乎不值

6 还有一个问题是，我所列出的特定领域是否实际上是单一的、统一的领域。例如，在数学的各个部分中提到的所有实体，是属于一个单一的、统一的抽象对象的“世界”，还是属于与数学的各个子领域相对应的不同领域？关于如何更好地理解这些子领域的主题问题，是一个实质性的问题。对此我在这里不需要表态。感谢帕森斯提醒我注意这个问题。

得一提的常识。只有再加上我所描述的那种“关于自然世界之外的领域的陈述应该被看成是自治的”主张，才会在哲学上产生争议。

虽然对一个领域内部的主张能够提出有意义的外部问题，但我们没有理由关心蒯因意义上的一般本体论承诺，那些承诺是关于我们（在任何领域）接受为真的陈述所蕴涵的存在的事物之整体。

我并不否认，我们可以形成一个融贯的领域概念，它是关于一般性存在概念的，这种存在概念适用于我们承诺在此领域内加以量化的所有事物。然而如果不对它做更多的说明，与我所提到的特定领域内的存在概念所具有的意义和“厚度”相比，这种完美的一般性存在概念似乎是空洞的。

正如泰特所说，关于这个有一些事物存在其间的分离的“宇宙”，如果它是一个物理对象、一个数，或是由其他领域的真陈述所蕴涵的
24 东西，那么它完全依赖于造成它的特定领域。[7] 也就是说，它没有为这些特定领域之外的事物的存在标准提供任何基础。例如，没有独立于领域的理由去最小化这些承诺，也没有理由将这些承诺限定在具体实在而非抽象实在上。

换一种稍微不同的方式来说，我们在这个一般意义上的本体论承诺，无论在何种意义上理解“世界”，都不代表我们关于“**世界**包含什么”的论断。首先，这种说法确实引发了麦基式的担忧，这种担忧源于把这些本体论承诺视为对自然世界即对物理宇宙的承诺。[8] 如果我们

---

7 泰特写道：“自然地，人们总是可以规定，‘存在’的意思是被讨论的一系列领域中的存在的析取。但是，除了把我们应该认真对待的领域从其他领域中分离出来的问题，还要看到，这种存在的概念是居于那些领域相关的存在概念之外的。”（《纯粹理性的起源：数学哲学及其历史论集》，第 8 页。）

8 正如麦克道尔（John McDowell）所言，麦基的论点“带有倾向性地使用了‘世界’一词”。见《价值与第二性的质》（*Values and Secondary Qualities*），第 185 页，注释 36。亦可见麦克道尔的《非认知主义与遵循规则》（*Non-Cognitivism and Rule Following*）的开头部分。

否认数是自然世界的一部分，同时仍然坚持它们是“世界”的一部分，以此来回应第一个担忧，我们就会提出这样的问题：这个包含了数或许还有其他非空间实在的模糊的“世界”究竟是什么？[9]最好能够把这些问题全部回避。[10]

如果关于“存在”有一些一般性的、独立于领域的条件，使得在 25
每个领域提出的不同的存在断言都蕴涵或假设“这些领域所指称的实体也会满足那些条件”，那么这种做法就只是在逃避问题。如果是这样，那么就会有一个真正的外部问题，即我们所承诺的事物是否实际存在。但不存在这样的条件。[11]我们在许多领域用存在量词来表达命题，但是，为每一种关于存在的断言及其推论提供辩护，所需要的东西都是不同的，这取决于被断定为存在的事物的种类。山脉存在的断言是

---

9 持有与我类似立场的人，有时也会用引发麦基回应的方式陈述他们的主张。例如，赖特写道，如果自然数是一个类概念，那么“自然数的实例（如果它有任何实例的话）就会是**物体**（objects），就像家具、山、河和树一样客观地陈列在世界上”[《弗雷格的作为物体的数的概念》（*Frege's Conception of Numbers as Objects*），第 13 页]。我对数和其他非时空对象的存在标准的看法非常接近赖特的观点。但在我看来，说这些东西“陈列在世界上”似乎有误导之意，而且毫无必要地招致了麦基式的回应。另外，我虽然大体上同意斯科鲁普斯基的观点，尤其是认为规范命题不需要有“使真者”（truth makers）来进入因果关系，但我并不认为这就使得规范关系价值与第二性的质**不真实**。（见《理由的疆域》，第 430 页及后续各页。）这样说似乎是在表明，它们像小说中的人物一样缺乏一些应有的重要的属性，因为它们不符合（因果）世界的某些部分。

10 当帕菲特说某些抽象实体“在非本体论意义上”存在时，他可能就是这么想的。（见《论重要之事》，第二卷，第 480—483 页。）这种听起来有点矛盾的方式可能涉及用一般的超领域（domain-transcending）观念——比如蒯因的本体承诺概念——来识别本体，我所提出的观点在某种程度上与此相反。我拒绝这种关于一般存在的观点，并认为真正的本体论问题都是领域特定的（domain-specific）。因此我赞同斯科普斯基所说的“一种更根本的反形而上学观点”（《理由的疆域》，第 440—441 页）。尽管正如我在下一段中所解释的，我并不是建议（用斯科普斯基的话说）“本体应该作为伪主题被清除”，而是建议应该以领域特定的方式来理解它。

11 在这一点上，我强烈赞同普特南的观点，见他的《无本体论的伦理学》（*Ethics Without Ontology*），第 94—95 页。还有泰特，他提出的本体论观点非常类似于我在《真理与证据：数学的柏拉图主义》中提出来的。他的观点可见《纯粹理性的起源：数学哲学及其历史论集》，第 6—10 页。

由关于物理世界的其他某些断言授权的。某种数量或集合存在的断言是由其他某些数学断言授权的。不论在哪种情形下，这就是全部的要求了，无须断言或要求更多的东西。[12]

这么说并不是在否认存在一些重要而有趣的形而上学或本体论问题。这只是说，这些问题是特定于领域的问题，即关于某个或某些特定领域的形而上学问题。在我心目中，一个领域的形而上学就是对如何在最抽象和最基本的层面上最好地理解该领域的探索。大多数传统的形而上学问题，如时间的本质、因果关系的本质、物体是否延续或持存等，都是关于自然世界的形而上学的问题。其他领域也有相应的问题，如集合论是不是所有数学的基础。我将在这一讲的后面讨论的主题是，规范领域的基本要素是一种关系：**作为……的理由**（*being a*
26 *reason for*）。这可以被看作规范性形而上学的一种主张。这些特定领域的形而上学研究也可能引发与其他领域关系的问题。例如，对规范领域的一个令人满意的说明需要解释规范事实和非规范事实之间的随附关系。（我将在这一讲的后面给出这样的解释。）

在某些情况下，可能有很好的理由限制我们的本体论——也就是说，比起更复杂的理论，我们喜欢更简单或更经济的理论。但这些理由是特定于领域的，例如，选择更简单的物理理论可能是一个好的科学实践。但这种偏好的基本根据以及什么才算作相关意义上的“简单性”，只是针对特定领域而言的，并不反映某种偏好本体论整体最小主

12 这是否意味着数、集合、义务等“在不同的意义上存在”，也就是说，存在量词在应用于数时的意义与应用于大象时的意义是否不相同？我倾向于说不是，但我想把这个关于意义的问题放在一边。我想说的是：①存在量词的纯形式逻辑，是所有领域关于存在的断言中唯一的共同之处；②不同领域的对象存在的条件因领域而异。至于这种差异是完全由所涉及的不同的类的术语所说明，还是也反映了“存在”的意义的差异，这是另一回事，对此我不持任何立场。一个支持“存在”一词有不同意义的论证，见德里克·帕菲特，《论重要之事》，第二卷，第 469 页及后续各页。

义的一般理由。

这种“特定于领域”的观点有助于解释哈曼著名的解释力要求（explanatory requirement）的吸引力和局限性。[13]在自然科学领域，实体的相关作用是解释自然现象。因此哈曼的解释力要求在这种形式下很有意义：我们有理由承诺自然世界中某种事物的存在，仅当它们在解释自然世界中发生的事情（包括我们对自然世界的体验）方面发挥作用。但这句格言只适用于自然科学领域。哈曼的解释力要求常常被认为适用于所有领域，但并非如此。例如，它不适用于规范或数学领域。这些领域的相关准则，就像我刚才提到的哈曼的要求一样，是特定于领域的。如果量化数（quantifying over numbers）是阐述一个理论的好的方法，我们就有理由对数进行量化。同样地，仅当引入表示新类型的数的术语（如虚数和复数）有助于更融贯、更令人满意地解释数学的相关部分时，我们才有理由引入它们。（现在从本体论转向蒯因意义上的观念体系）仅当添加的规范概念和关系能让我们对规范性问题做出更融贯、更令人满意的解释时，我们才有理由引入它们。[14]这些 27
要求都很有意义。但我们没有理由将哈曼所提出的要求作为一个适用

---

13 哈曼，《道德的本质》（Gilbert Harman，*The Nature of Morality*），第一章。

14 在所有这些领域中，为引入新实体或概念进行辩护的任务就是描述或解释有关的现象：物理世界中的事件、数学事实或规范事实。解释我们对这些事实的反应或信念则是另外一回事。关于给定类型的实体存在的承诺的条件，我认为它类似于赖特所说的“宇宙论作用的广度”（the width of their cosmological role），他的意思是“援引的各种事态在多大程度上可以潜在地对解释事物做出贡献，**而不是，或者不是通过**在我们的态度状态中把这些事态看作一种对象”[《真理与客观性》（*Truth and Objectivity*），第 196 页]。对“宇宙论”作用的提及，可能意味着这种解释必须是对自然界事件的因果解释。但赖特接着说，事实并非如此：“我并不是想说，广义的宇宙论作用应该限定在**因果地有效的**事态，甚至也不是说所涉及的解释必须是因果的。记住，最重要的一点是，**对相关状态指示词的可理解的和合法的用法，比仅仅由话语的最小真理能力所产生出来的用法更加宽泛。**因此，原则上，任何凸显状态指示词的其他语境类型都是重要的，而且，有趣的进一步区分将根据这些另外的用法类型而做出。”（《真理与客观性》，第 198 页）

于所有领域的完美的一般性要求来接受，因为这些要求并不都是针对同一种理解（例如，可以是针对对世界的最佳因果解释，而不是针对对我们的感官表面的影响）。

对我所推荐的观点的一个反对意见是它可能太过宽容了。反对者可能会说，根据这一观点，人们可以采用某种话语的方式，它针对某类对象规定某一套同一性标准，也规定其中句子的真值条件，这些句子包含着指称这类对象的词项，并允许这类对象在其中得到存在论意义上的概括。在我看来，只要这种话语方式是定义良好的、内在一致的，且**不包含与其他领域（比如科学）相冲突的假设或推论**，那么通过接受它的陈述，我们就可以承诺在这种话语方式中被算作真的存在性命题所量化的那些事物的存在。它们将属于我们的“本体论承诺”。我们能认真对待一个如此廉价的存在观念吗？

我的回答是，关于这些实体的问题，并不在于它们是否真的存在。假如像我所规定的，它们的存在并不会蕴涵对其他领域（如自然界）而言为假的主张，那么这个问题就是一个通过领域标准来解决的问题。问题仅仅在于，我们是否有任何理由关心这些实体及其属性。同样，我认为，数学学科的术语中不可缺少的抽象实体（如集合和数）并没
28 有提供接受这些东西存在的理由。没有理由相信它们是作为自然世界的一部分（它们不是的）而存在，或者在数学领域中存在（除非这能够被数学论证所支持）。毋宁说，这种有用性只是为科学家们提供了对这类数学实体及其性质感兴趣的理由。

另一个反对我提出的观点的理由是，它所依赖的存在概念太过“薄”或者说“最小化”了。要评估这种反对意见，我们需要考虑与之相关的“厚度”概念可能意味着什么。关于时空世界中物体的存在的断言，似乎确实涉及一种“厚”或“强”的存在观念。但这些存在性主张的“厚度”是由那个世界本身的概念提供的。物理对象的存在是指它们具有时空位置，具有各种物理特性，并与其他对象有因果关系。

因此，“厚度”的概念是特定于领域的。进一步的形而上学实在的观念并不能够为刚才提到的性质再添加些什么。同样地，与数的存在命题相关的厚度是由相关的数学领域的结构所给出的。对于数而言，它们的存在在于与其他数之间的各种关系，如成为方程的解。类似地，各种规范关系给出了该领域的厚度。

我的观点不是“最小主义”。我的观点要做的恰恰是为规范陈述和数学陈述精确地提供其所需的内容和“厚度”：既不多也不少。但我为了做到这些而得出的主张也许会被否定。与我主张的相反，有人可能会指控说，某些领域内的断言的真实性或重要性，要求它们所处理的实体在下述意义上存在：其存在超出了这些领域内部的惯常推论所直接建立的东西。

在数学中，这种指控表现为：为了使数学陈述为真或宣称其有意义，数和集合的存在必须不仅仅由内在于数学领域的推理所保证（即使是在我前面强调过的广义上也不行[15]）。关于规范性的真理，该指控认为，为了使规范真理拥有通常被赋予的那种意义，它们的真或证成必须超越于规范领域内部推理据其自身就能建立起来的东西（比如， 29
考虑一下我们事实上持有什么理由）。我已经试着解释过了，为什么在我看来这个指控在上述任何一种情况下都没有道理。

伊诺克考虑了这样一种可能性：被有些人看作行动理由的东西，我们不认为是理由。[16]他从而认为，我对规范领域的说明是有缺陷的。他论证说，因为他们对这些“对立理由”（counter-reasons）的推理符合他们所接受的内部标准，正如我们对理由的推理符合我们所理解的规范领域的内部标准一样，所以我不得不承认这些“对立理由”和我们的理由一样是存在的。因此，我的观点不能让这样的说法成立：我

15 见本书第 20 页（根据中文版页码修改）。

16 大卫·伊诺克，《认真对待道德》，第 122—133 页。

们的结论是正确的而他们的错了。

这个问题在我看来是无意义的。这些假想的关于“对立理由”的结论，只有在被解释为关于理由的特定结论时，才与我们关于理由的特定结论相冲突。所以，“我们和他们谁是正确的”这个问题是规范性问题，只能通过规范性推理来回答。这是一个关于规范领域（理由的领域）的最佳解释是什么的问题。[17]这并不是说它是由我们对理由的当下信念所决定的，也不是说这些信念一定是正确的。我们现有的对理由的实质性结论可以根据进一步的规范性思考加以修正，正如对集合的进一步推理可以使我们修正或补充我们目前所接受的集合理论公理一样。如果我们现在认为关于理由的特定结论是正确的，那么我们就会认为与这些结论相冲突的关于“对立理由”的主张是错误的。为了证明这一观点的正确性，我们需要谈谈导致这些结论出错的思维方式。但即使我们做不到这一点也没关系，因为毕竟存在着这样一个进一步的形而上学事实：“我们是对的而他们是错的”是有理由的。[18]我
30 将在第四讲回到相关的问题，讨论为什么我们应该相信关于行动理由的问题是有确定答案的，以及在什么意义上这些答案是“独立于我们的”。

2

现在我从这些关于本体论的一般性评论转向一些关于规范领域的更具体的问题。与一个常被提到的说法相反，不可还原的规范真理的

17 伊诺克预期中的回答，参看《认真对待道德》，第 126 页。

18 对伊诺克的思想实验的另一种解释是，我们所需要的不是规范真理的形而上学概念，而是对“为什么关于某些理由的结论具有关于对立理由的结论所不具备的实践权威”的实际解释。我在第一讲中已经提到了这个担忧——关于理由的结论的权威性需要辩护。

信念并不涉及对任何特定实体的承诺。[19]可以成为理由的东西不是一种特殊的实体，而是普通的事实，在很多情况下是关于自然世界的事实。例如，“这把刀很锋利”这一事实，就是我现在不去碰它的一个理由。[20]

规范真理的独特之处不在于作为理由的事物而在于规范关系，例如“作为某事物的理由”或“作为充分的或决定性的理由”。因此，规范主张的特殊之处不在于**蒯因意义上的**本体论——被量化的事物，而在于他所说的“观念体系”（ideology）——所使用的谓词。

在这一讲中，我要关注的是将某事物“算作支持”（counting in favor of）某种行动或态度的那种关系。在这个相对较弱的意义上，某些东西可以是一个理由，而不必是一个决定性的或结论性的理由。我将在第五讲中讨论那些更强的理由关系。

某一事实是不是理由，以及是什么东西的理由，取决于行动者所处的情况。“这把刀很锋利”是我不去碰它的理由；但在不同的情况下，
它可能是我**去**碰它的理由。还有一些情况，它会是做其他事情的理由： *31*
例如，如果我之后会有理由想要切奶酪，这就成了我把它放进野餐篮子里的理由。这表明，“理由”是包含一个事实 p、一个行动者 x、一组情况 c 和一个行动或态度 a 的四元关系 R（p，x，c，a），它的意思

19　正如我在上面所论证的，即使理由最好被理解为实体，亦即被量化了的事物，这也并不意味着规范领域有会令人棘手的外部的本体论的承诺。在最基本的规范层面，理由是一类特殊的规范性元素，还是一些其他的元素进入了规范关系？这个问题是规范领域的内部问题，它关乎如何最好地理解该领域，这是我之前所说的规范性形而上学中的一个问题。我非常感谢与马库斯·维拉切克（Markus Willaschek）对这个问题的有益讨论。

20　正如刚才所指出的，我认为那些作为理由的东西——那些填充了关系 R 的第一个空位的东西——是事实。然而，为了避免冗长的措辞，我将含糊地用 p 有时指称一个事实，有时指称一个可由事实的内容替换的句子变元（sentential variable）。其所处的上下文应该能清楚地说明是哪种用法。这一解决办法并不完全令人满意，但我认为这不会产生实质性影响。感谢泰勒·伯格对我指出这一点，也感谢塞利姆·博克提供的有益建议。

是，*p* 是对 *x* 而言在条件 *c* 下去做行动（或持有态度）*a* 的理由。[21]

我们得注意，占据这一关系中四个位置的项往往是相互关联的。首先，占据 *a* 位置的东西是 *x* 所做的行动或持有的态度。既然这是根植于关系 R 自身之中的，所以占据第四个位置的是一个不需要提及 *x* 就能刻画的行动或态度，而 R 能够成立的条件是，*p* 是 *x* 在相关条件下去做这个行动或持有这个态度的理由。

关于 *p* 和 *c*，事情就复杂多了。一个人 *x* 可能有理由做 *a*，因为只有这样才能救她孩子的命。在这种情况下，*p* 就是内格尔所说的主观理由（subjective reason），它一定要提及行动者。[22] 从 *a* 会救 *x* 的孩子的命这一事实可以推断出"做 *a* 会救**某人的**命"。这个事实 *p′* 会成为另一个人 *y* 做 *a* 的理由，这就是内格尔所说的客观理由（objective reason），他后来也叫"行动者中立"（agent-neutral）的理由。[23] 重要的是，由 R（*p*，*x*，*c*，*a*）提出的规范主张会随着 *p* 是否与行动者 *x* 相关而变化。[24]

21　我会在第五讲考虑其他更强的规范关系。包括丹西（Jonathan Dancy）、库内奥（Terence Cuneo）和斯科鲁普斯基在内的其他人也注意到了关于理由的主张的相关性特征。见丹西，《无原则的伦理学》（*Ethics Without Principles*），第三章，尤其是第 38 页及后续各页；库内奥，《规范网络》（*The Normative Web*），第 65 页；以及斯科鲁普斯基，《理由的疆域》，第二章。库内奥似乎认为它是一个三元关系（或者可能是一个包括行动者在内的四元关系）。丹西提到了两个二元关系："支持 / 不支持"的关系和"使……成立 / 使……不成立"的关系。如果一个考虑破坏了原本支持某个行动的考虑，但它本身并不能算是支持 / 不支持该行动，那么这就是一个使这个行动不成立的考虑。我在第五讲中将会澄清，我的四元关系 R（*p*，*x*，*c*，*a*）涵盖了这两种关系。R（*p*，*x*，*c*，*a*）所要求的对 *c* 的考虑涵盖了丹西意义上的"使……成立"关系。斯科鲁普斯基考虑的是一个涉及时间和理由强度的六元关系。他还区分了"作为（具有某种强度的）特定理由的事实"这样的简单关系，"行动者对某事物拥有的总体理由"这样的观念，以及"行动者对某事物具有的充分理由"这样的观念。（见《理由的疆域》，第 36—44 页。）

22　内格尔，《利他主义的可能性》，第 90 页。

23　《利他主义的可能性》，第 90 页；《本然的观点》（*The View from Nowhere*），第 138—139 页，第 152—153 页。

24　感谢托尼（Toni Rønnow-Rasmussen）敦促我解释这种情况。

使得某事件成为理由的情况 c 也可能涉及行动者自身。事实 p 是 x 做 a 的理由，可能只是因为 x 处于某种特定的体制性位置上——比如一个特定国家的公民或一个委员会的成员——这使得 x 有资格做 a。应当注意，在 p、x、c、a 之间，这种相互关系的可能性对我的解释不构成问题，而只是一种它所能允许的复杂性。 32

还应指出，虽然作为理由的事实往往是自然事实，但规范事实也可以是理由。比方说，如果我有资格投票以反对一项法律，那么“这项法律是不公正的”就可能是我反对它的一个理由。同样，如果某一事实在情况 c 下被认为是理由，那么这一情况也可以用规范术语加以说明。比如说，我们可能会说“跳窗是能救某人命的唯一方法”这个事实也是那个人跳下去的理由，因为她处在“她有理由继续活下去”的情况中。或者，这种情况只是以某种非指明的方式被暗示的，比如可以有这样的情形：我们可以说“**在她现在的情况下**，‘跳窗是能救她命的唯一方法’的事实是她跳窗的理由”，同时对进一步精确地指明“这些（非规范地指明的）情况究竟是什么样子的”保持开放态度。[25]我们关于行动理由的论断常常是这样含糊不清的，尤其是涉及“在其中我们宣称某事物是一个理由的那些确切情况是什么”的时候。思考我们拥有什么理由并试图使我们对理由的信念保持一致的过程，很大程度上包括找出这些条件是什么。

最后应该注意的一件事，是大多数理由陈述的事实性特征：除非 p 存在并且行动者确实处在情况 c 中，否则 p 不是该行动者在情况 c 下做 a 的理由。这对于理解规范性和非规范性要求之间的关系是很重要的，这一点将在下面更明显地体现出来。

我如此描述这一基本规范关系，为的是对重要的规范问题不置可否。例如，它与“行动者的理由依赖于他或她的欲望”这样一种观点

25 我会在第五讲回到这个问题。

是融贯的，因为它对 c 是否必须包含关于行动者欲望的事实是开放的。同时，这也暗示了我的观点：某事物是一个行动者的理由，仅当在类
33 似情况下也是任何其他行动者的理由。但在这种观点中，什么算作“相似”也是一个开放问题。特别是，“这些情况的相关特征是否总能用有限的非规范词项加以说明”这一问题是开放的。[26]

3

即使不可还原的规范真理的观点没有了令人困扰的本体论含义，关于规范事实与自然事实的关系仍然存在着其他潜在的困难。规范性论断并不像关于集合的论断那样只关乎一个特定领域。这些论断在很大程度上是**关于**自然世界的：它们将规范意义归之于例如“一把刀的锋利程度”这样的自然事实。因此，关系 R 似乎与自然世界中的事物间的规范关系**属性**相对应，而人们想知道的是，这个关系属性是什么。

此外，规范真理与非规范真理是不同的（后者不蕴涵前者），但前者以两种方式与后者相联系：第一，当自然事实发生变化时，规范事实也发生变化；第二，只要自然事实保持不变，规范事实就不会发生变化。这些协变和随附的关系需要解释。要解决这些问题，先来仔细看看规范性与非规范性之间的关系将是很有助益的。

不论是认知主义者还是非认知主义者都普遍相信，在规范判断和非规范判断——也常被说成是“价值”和“事实”——之间存在着一个重要的区别，有时被称为“不可逾越的鸿沟”。这一观点被自然地表述为这样一个命题：任何规范陈述都不能通过逻辑和概念上的蕴涵从任何一组融贯的非规范陈述中派生出来。但是，这个公式需要通过确

26　这是特殊主义者和其他人产生争论的一个点。见丹西，《无原则的伦理学》，第 80—81 页。丹西讨论这一点是要说明道德相关的特征，但我认为它也适用于更普遍的关于理由的主张。我将在第五讲回到这个问题。

定所讨论的“派生”的类型和更清楚地描述“鸿沟”两边的陈述的类别来得以澄清。

正如普特南所观察到的那样，关于事实和价值之间鸿沟的主张通常以对非规范陈述的特征描述为出发点，然后将其与价值判断进行对比。[27]对于休谟来说，关于“是”的陈述等同于“观念关系”和“事实 34
问题”。对于逻辑实证主义者来说，相关的类别由分析性陈述和经验上可证实的陈述组成。我将以另一方面为起点，从规范陈述开始讨论。

然而，对规范领域的特征的刻画是一个有争议的问题。我倾向于认为规范陈述是关于人们所持有的理由的断言。我的假设是，其他通常被视为规范性的概念（如好、价值和道德对错）最好用理由来理解，或者至少是，包含这些概念的判断最好用理由陈述来理解。这些判断真正是规范性的是指，它们不能通过物理的、心理的、社会的等明显非规范性的词项加以解释。[28]这一观点是有争议的。[29]然而，我一般会这样假设：当谈到“规范领域”时，我想的是理由判断的领域。我接下来要讲的大部分内容并不依赖于此，但我会注意到它可能产生影响的地方。

不过，将事实 / 价值的区别理解为两个领域的区别——把人们持有的理由作为核心论断提出的陈述所形成的领域和并非如此的领域，这并不令人满意。普赖尔（A. N. Prior）指出了其中的一个问题。[30]令 F 为一个非规范陈述，N 为一个规范陈述。那么，$F \vee N$ 呢？它是 F 的

---

27 普特南，《事实 / 价值二分法的崩溃》（Putnam，*The Collapse of the Fact/Value Dichotomy*），第 19—24 页。

28 我关于好和道德对错的观点分别见《我们彼此亏欠什么》（*What We Owe to Each Other*），第二章、第四章。

29 一个竞争性的观点是，将作为属性的好看作基础的规范性概念，见朱迪思 · 汤姆森，《规范性》（Judith Thomson，*Normativity*），我对汤姆森的回应见《规范性的统一》（*The Unity of the Normative*）。

30 见《伦理的自治》（*The Autonomy of Ethics*）。

逻辑后承。如果规范判断不能作为非规范判断的逻辑后承，F ∨ N 就一定是非规范性的。但是从 F ∨ N 和非 F 可以推出 N，如果（非规范判断和规范判断之间的）不可推演的观点（thesis of non-derivability）成立，那么 F ∨ N 就不能是非规范性的。

为了避免上述困难，我们可以把事实与价值存在区别的主张表述为这样一个论断：R（p，x，c，a）不能从任何一致的非规范陈述中推演出来。因为如果可推演性意味着逻辑蕴涵，而非规范陈述仅仅是指
35 那些关系 R 不作为核心要素出现的陈述，那么，这种观点就只是“对于任何谓词 G，任何形如 G（a）的陈述都不能由不包含 G 的融贯陈述所推出”这样一个一般逻辑观点的特例。这相当于对规范陈述及其与非规范陈述之间的关系什么都没说。

加强这一论点的一种方法是扩展相关的可推演性的概念，使其不仅包括逻辑蕴涵，还包括概念蕴涵。这就产生了这样一个论点：任何关于 R（p，x，c，a）成立或不成立的主张，都不能通过逻辑和概念上的蕴涵从任何一组融贯的非规范陈述中推导出来。因此，这个论点就排除了分析的自然主义，即“关于理由的主张可以被分析为非规范词项”的观点。但只要非规范陈述仍然被理解为不包含关系 R 的陈述，这个论点就意味着理由概念对规范领域是基础性的，并且不能被分析为**任何**其他的词项——无论是规范的还是非规范的。这样，它就比大多数对事实 / 价值二分的理解走得更远。

为了更合理地解释规范陈述和非规范陈述之间存在重要区别的观点，我们需要对非规范陈述的类别做出更具体的特征描述。例如，我们可能会说，R（p，x，c，a）成立或不成立的论断不能通过逻辑和概念上的蕴涵从任何一组融贯的物理和心理论断中推导出来。然而人们可能会质疑，所有物理和心理论断真的都是非规范的吗？人们有时会谈到，对科学结论的辩护往往诉诸一些明确地被视为有价值的东西，如简单性、清楚性，诸如此类。正如普特南所说，“认知价值也是价

值”。[31] 这在我看来是相当正确的，但与我现在提出的论点并不矛盾。

“我们有理由相信一个特定的经验命题”这个主张是一个规范性论断。即使所援引的理由纯粹是认知的——指示该命题为真的那些考虑，也不会改变这一点。非但如此，我们接受科学理论的理由可能（也可能不）建立在进一步的理由之上，它们并不都是相关于真的。[32] 但这两 36
种可能性都并不表示事实与价值之间存在着令人困惑的混合。如果有人这样以为，那是因为他没有对两个主张进行区分：一个是“我们有充分理由接受一个理论或者把一个命题当作真的”这一主张，另一个是该理论或命题所提出的特定主张。即使后者不是规范性的，前者也可以是。[33]

也可能有人对心理学的规范性提出问题。毫无疑问，有些心理学范畴在包含**规范**（亦即“标准”）的意义上是规范性的。[34]（例如，“信徒”和“理性存在者”在这个意义上很可能是规范性的。）就目前涉及的讨论而言，在包含行动者有什么理由的断言这个意义上，我认为这些范畴不是规范性的。但我不打算在这里展开讨论这些。

“规范陈述不能从非规范陈述中推出”这个论点的另一个明显困难来自，大多数理由论断都具有事实性特征：除非 p 是事实（it is the case that p），否则 p 不能是任何东西的理由。“R（p，x，c，a）不成立”这一规范性论断，似乎能够从“p 不是事实”这一非规范性论断中推演出来。这看起来可能是从纯粹的非规范前提中推出规范结论的一个实例。也许会有人问：这是在什么意义上的“推出”？我想说，这似乎不是逻辑蕴涵的问题，也不好被描述成概念真理的事。我在后面将

31 见普特南，《事实 / 价值二分法的崩溃》，第 135—145 页。

32 相关讨论见约瑟夫 · 拉兹，《理由：实践性与适用性》（*Reasons: Practical and Adaptive*）。

33 吉伯德可能持有这样的观点。见《明智的选择，恰当的感受》（*Wise Choices, Apt Feelings*），第 34 页。

34 见泰勒 · 伯格，《客观性的起源》（*Origins of Objectivity*），第 311 页及后续各页。

会回到这一问题。

假设从“p 不是事实”推出“R（p，x，c，a）不成立”，我们可以通过对不可推演性论点进行规定来排除这个反例，即把该论点解释为：任何融贯的物理和心理陈述都不逻辑地或概念地蕴涵形如 R（p，x，c，a）的**肯定性的**原子语句（positive atomic statement）。这样做也许可以避免上述问题，但它忽略了关于关系 R 的一个重要的点：陈述 R（p，x，c，a）内容的规范性本质上独立于“p 是否成立”。这个规
37 范内容取决于这样一个主张：**只要** p 成立，它就是一个人在条件 c 下做 a 的理由，这一点与 p 实际上是否成立无关。在这样的理解下，我将把关于 R（p，x，c，a）成立（或不成立）的论断看作我称为**纯粹的规范论断**（pure normative claim）的东西。[35]

大多数我们通常所认为的规范论断并不是纯粹的规范论断，而是**混合的规范论断**（mixed normative claims）。它们包括纯粹的规范论断，但也提出或假设有关自然事实的论断。这在通常被称为“厚伦理概念”的情形中是很常见的，比如“残忍”，对这个概念的使用涉及以多种方式提出的理由论断。[36]

“卡里古拉是残忍的”这个论断，当然关乎他把什么**看作**理由、在行动中对什么做出回应，以及他通常对什么漠不关心。这些论断将一些规范性观点归于卡里古拉，但其本身并没有做出任何这样的论断。至少到目前为止，这些论断纯粹是心理上的。但真正的规范性要素可能以两种相关的方式进入规范论断。

一个规范性要素是，对卡里古拉做出的残忍的指控不仅包括说他

35 我相信这种主张就是芬恩所说的“受世界限定的规范性条件句”（world-bound normative conditionals）的例子。见《必然性种种》（*The Varieties of Necessity*），第 272—273 页。

36 “厚伦理概念”这个术语来自威廉斯，见《伦理学与哲学的限度》（*Ethics and the Limits of Philosophy*），第 129—131 页，第 141—142 页。普特南将“残忍”看作“存在绝对的事实 / 价值二分”这个观点的反例，见《事实 / 价值二分法的崩溃》，第 35 页。

确实对某些事情（例如受害者的痛苦）漠不关心，还包括说他不应该对这些事情漠不关心，因为它们确实是理由。进一步的规范性要素在于这样一个想法：残忍是一种有理由自己避免，也有理由避免施加给别人的东西。更普遍地说，相比于不残忍的人，人们有理由对残忍的人做出不同的反应：避免和他们在一起，在某些情况下不信任他们，等等。这两个要素是相关的。人们对一个残忍的人做出不同反应的理由取决于，残忍的人对某些特定的理由不敏感，以及正确回应这些理由的重要性。

这些规范性要素是残忍概念的核心。它们指出这个概念的要害，并指示它的经验内容。一个不理解这些规范要素的人无法把握这个概念，也无法辨别哪些心理特征和行为方式被算作是残忍的。[37]但是，我 38
们不需要用这些复杂的例子来寻找混合的规范论断。在我看来，甚至包括“道德错误”这样的“薄”伦理概念在内的论断，都是混合的规范论断：声称一个行为在道德上是错误的，即声称该行为具有某些属性，能够提供理由使人们拒绝接受任何允许其存在的原则。在日常英语中，即使是“她有一个好理由不做这件事，因为这会伤害她姐姐的感情”这句话，也是一个混合论断，因为除非这件事真的伤害了她姐姐的感情，否则该论断不可能为真。

所以在我看来，规范陈述的领域是非常多样化的。除了纯粹的规范论断，它还包括各种各样的混合规范论断，包括但不限于涉及“厚

37 因此，我同意威廉斯（《伦理学与哲学的限度》，第 141—142 页）的观点，即涉及厚伦理概念的判断不能被分析为一个“描述性”（非规范性）部分和一个与此相关的规范性态度。正如我所说，厚伦理概念的非规范性内容在很大程度上依赖于这些概念的规范性内容。但正因为如此，我不同意威廉斯的如下观点：如果一个论断包含厚伦理概念（或其他混合的规范论断），那么其中的非规范性内容就会使这种论断在某种意义上成为“由世界指引的”，因而比纯粹的规范性论断更具客观性。这种论断中的非规范性内容本身就是被规范性“指引”的。另外，威廉斯“无法解开规范性与非规范性的纠缠”的论点削弱了他的“使用这些（厚）概念的判断具有特殊的客观性”的观点。之所以情况看起来如此，似乎只是因为使用这些（厚）概念的人对暗含其中的规范判断有着很强的共识。

伦理概念”的论断。这些论断以各种复杂的方式包含或预设了非规范论断。[38] 下面我将说明，“事实与价值的二分”这个基本真理取决于纯粹规范论断的作用和地位。

4

关注纯粹的规范论断和混合的规范论断之间的区别，有助于解释围绕着规范性和非规范性的关系的一些问题，否则这些问题就会显得令人困惑。

规范论断和非规范论断之间存在“逻辑鸿沟”的观点似乎令人困惑，因为我们通常能够从非规范事实到规范结论做出看似有效的推论。比如说，从

39 （1）如果琼斯现在不离开那栋燃烧的楼，他就会被烧死。

看起来可以推出：

（2）琼斯有理由马上离开那栋楼。

如果规范性和非规范性之间存在逻辑上的鸿沟，我们怎么总是能够轻松地跨越这一鸿沟呢？

答案是，（2）并不（无论逻辑地还是概念地）蕴涵于（1），要从（1）推出（2），需要借助于：

（3）根据琼斯的情况，“现在做 *a* 对他避免死亡是必要的”这一事实是他做 *a* 的理由。

38　这种差异很可能正是普特南想说的“事实 / 价值的区别是一种区别，而不是一种二分法”。在他考虑的意义上，与二分法不同的是，“区别”不必是无所不在的：不必是每一种有关的事物都要么属于这边要么属于那边。

（3）仍然是一个混合的规范论断，因为它涉及关于琼斯实际情况的论断。但是我们可以把这些条件 c 看作给定的前提——不管它们是什么（使得琼斯有理由活下去的那些关于他的生活的事实），然后将（3）重述为一个纯粹的规范论断：在这种情况下，任何人都有理由去做对于延长其生命来说是必要的事情。

说（2）借助（3）——并最终借助（3）的纯粹规范性版本——由（1）推出，并不是说任何做出这个推论的人都必须使用（3）作为前提。我将在第三讲进一步解释，一个理性的人如果接受了（3），就会直接将（1）**看作**琼斯现在离开大楼的理由。尽管如此，如果从（1）到（2）的推论受到质疑，那么援引（3）来对此加以解释是合适的。既然从（1）到（2）的推论“借助于”纯粹的规范主张（换句话说，这一推论的有效性是一个规范性问题），所以，说它是一个从非规范性到规范性的推论就是误导性的。当我们看到纯粹的规范论断的作用恰恰是使这样的推论得到允许，于是，如果不是“已经做出了”一个规范论断，就无法从非规范论断“得出”规范论断，这也就不足为奇了。这也回答了我之前提出的一个问题：在何种意义上，从 p 是假的能够“推出”R（p，x，c，a）不成立？它们之间的联系既不是逻辑蕴涵也不是概念蕴涵，而是一个简单的规范真理：如果 p 不是事实，那么R（p，x，c，a）也不是事实。

因此，像（2）这样的混合的规范论断依赖于非规范论断，但这种依赖最终由纯粹的规范论断所决定。人们可能会想说，像（2）这样的 40
混合的规范论断是“借助于”（true in virtue of）像（1）这样的非规范论断而为真的。这么说会产生误导，因为这种说法认为那两个论断仅仅基于其自身而为真，却忽视了纯粹的规范论断在其中发挥的主导性作用。

纯粹的规范论断则根本不依赖于非规范论断。任何这种依赖都通过上述过程被破除掉了。因此，不可能以类似于从（1）推出（2）的方式**从**非规范论断**推出**纯粹的规范论断。

许多人感到困惑的协变和随附现象，也可以通过明确区分纯粹的和混合的规范论断来解释。事实上，对于这些现象我要说的是一个刚才提到的有关惯常推理的观点的形而上学版本。

问题在于，如果规范事实在逻辑上或概念上与非规范事实没有联系，那么为何大多数规范事实会随着非规范事实的变化而变化，而当非规范事实不发生变化时，大多数规范事实也不会发生变化。要理解这种现象，重要的是弄清楚这里说的规范论断是哪一种。随着非规范事实的变化而变化的那些规范事实包含在混合规范论断的真理之中，例如，某人有理由做出特定行动，或者某一特定考虑就是一个这样的理由。所以，比方说把我的手放到火焰上会很痛，这是我不这么做的理由；但是，如果把手放到火焰上并不痛，那么“把手放到火焰上会很痛”就不是事实，我也就不会有那个理由。混合的规范事实依赖于非规范事实，而它们依赖于**哪些**非规范事实则是一个规范性问题，是
41 由纯粹规范论断的真来决定的。[39] 反过来，纯粹的规范论断是否为真，则不依赖于非规范事实，也不与之协变。

纯粹的规范事实也不会“自己”发生变化。鉴于这种不变性，依赖于它们的混合规范事实就是随附于非规范事实的。这又是一个规范

39 如果这是正确的，那么似乎可以推论出，规范性对非规范性的依赖，与精神之物对物理之物的依赖是截然不同的。规范判断是对非规范事实的规范意义做出断定。混合的规范事实与非规范事实协变，而它们所依赖的特定事实是由纯粹的规范事实所决定的；纯粹的规范事实“自身”不会变化，这也是一个规范性问题。与之相反，将精神属性归之于物理状态，这并不是关于精神现象的主张的**内容**的一部分，而“唯心主义”真理也没有明确指出精神状态依赖于哪些物理状态并与之协变。相信精神只能与物质协变而不能独立地变化，这一观点源于我们接受了一种物理霸权的主张：所有自然现象都有物理解释。正如芬恩向我指出的，规范性与非规范性之间的关系更像是数学与物理之间的关系：“混合”的数学事实与非数学事实协变；它们与之协变的特定事实由纯数学事实决定，而纯数学事实本身并不变化。

性问题，是一个规范必然性的例子。[40]回想一下什么是纯粹的规范真理，就会发现这看起来很明显。[41]仔细想想，我觉得这没有什么令人困惑的。既然纯粹规范事实在最明显的方式上并不是偶然的——不依赖于关于自然世界的偶然事实，那么我们为什么要期望它们在某种更深层的意义上是偶然的呢？

规范性和非规范性之间的关系有两个并列的特征：一是“鸿沟出现了却能够被轻易跨过”，二是“没有逻辑和概念蕴涵却产生了协变与随附现象”。如果只考虑规范性那一边，仅仅聚焦在那些（与行动者的）相关性特征并不明显的规范论断——如“某个事物是好的”或“某个行动在道德上是错的”这样的命题，那么上述的两个特征就会显得令人迷惑。这些命题似乎只是简单地赋予其对象某种规范属性，因此“拥有这种属性与拥有各种自然属性之间有何关系”的问题就产生了。我已经论证过，当我们转而关注纯粹的规范论断时——其作用恰 42
恰在于为非规范事实指派规范意义，规范性和非规范性之间的关系就更清晰了。

虽然我讲过这种用“作为某人做某事的理由”的关系来解释规范性和非规范性的关系的办法，但并不意味着这个解释依赖于一个更有争议的假设：理由关系是基本的规范性概念，用它可以分析其

40 芬恩在《必然性种种》中指出，（某些）规范论断的必然性与形而上学的必然性是不同的，而且不能被还原为后者。我认为纯粹规范事实的必然性就是他所考虑的那种规范必然性的一个例子。

41 布莱克本（Simon Blackburn）看上去也赞同这一点。他写道：“准实在论者将协变性和依赖的不对称看作下述事实的反映：价值评判是借助于对象的自然属性而**做出**的，要是没有这个条件，任何会被认可的伦理学判断都完全无从达成。”[《重新审视随附性》（*Supervenience Revisited*），第 146 页。] 但是他早些时候说过 [见《道德实在论》（*Moral Realism*），第 116 页]，如果有人声称两个行动在各方面都相同，除了其中一个更加错误（我认为他指的是道德上更错误），那么，这“将是一个逻辑错误，而不仅仅是一个道德上的错误了”，而如果这种差异仅仅是在道德上不可能的（merely a moral impossibility），那么“在我的意义上，道德价值就不会随附于自然属性了”。如果他在《重新审视随附性》中的言论修正了这一早期观点的话，我和他的看法就是一样的。

他所有真正的规范性概念。如果 R 关系和其他理由关系不是这个意义上的基本规范性概念，那么就会有其他类型的纯粹规范论断，它们可能能够被分析为理由，也可能不能。例如，如果不聚焦于一元谓词“x 是好的”及其相应的一元属性，我们也可以考虑形如“具有属性 p 有助于某物 x 成为好的”或“具有属性 p 有助于某物 x 成为一个好的 y”这样的关系。利用这些关系，我们可以形成关于“好”的纯粹规范论断，就像我一直在讨论的涉及 R 的纯粹规范论断一样，它们也具有规范必然性，具有赋予非规范属性以规范意义的功能。同样的道理也适用于“x 在道德上是错误的”这样的道德属性和“在情况 c 做具有属性 p 的行动 x 是错的”这样的道德关系。无论涉及哪些规范性概念，重要的不是理由的基础性，而是纯粹规范论断的核心作用。[42]

5

现在我来谈谈规范属性的问题。许多接受“规范性概念不是自然概念”观点的人坚持认为，如果认为存在与规范概念相对应的规范属性（“关于世界的”特征），那就太奇怪了。例如，吉伯德（Allan Gibbard）和施罗德都同意规范性概念不能用自然的词项来分析，但他们以不同的方式坚称，由规范词项表示的属性是自然的。[43]所以我需要考虑概念和属性之间的关系，以及如何理解规范属性。

43 在某种意义上，概念和属性之间的区别是很明显的。厘清概念就是确定我们思想的内容；规定属性则是确定与这些概念相对应的世界上的事物之本性。问题是，与概念相对应的对属性的特征描述，何时

42 感谢斯塔夫鲁拉·西诺雷玛（Stavroula Tsinorema）的提问让我意识到这个事实。

43 “以不同的方式”，是因为施罗德是还原论的自然主义者，而吉伯德是表达主义者。我将在下面更全面地讨论他们的观点。

以及如何超出由概念本身所规定的东西。在某些情况下，具有由概念表示的属性只是具有那些包含在概念中的特征。所以，如果一个人理解了这个概念，那么关于属性就没有什么好说的了。然而，在另一些情况下，对于概念所适用的那种世界上的事物究竟是什么，还有更多有待说明的东西。何时以及为什么会出现这种情况，这是个有趣的问题。

首先考虑一个自然类的概念，比如水。如果**水**这个概念仅仅通过我们的日常经验所给出的水的特征就能得到定义——如“在下雨时降落的、在江河湖海中流动的无色液体”，那么，关于水是什么我们还可以说些别的：比如它的化学成分是 H_2O。我们可能会说，具有“是水”这个属性就是具有一些物理特征，无论这些物理特征是什么，它们就是在水的概念中给出的那些可观察特征的原因。关于其他自然类的概念（比如闪电的概念）可能也能这么说。在所有这些情况下，一个概念所表示的属性可能比该概念所规定的多出些东西。这一事实反映了，这里的概念是根据对我们而言显见的那些特征来识别**自然**现象的。于是，这就留下了一种开放的可能性：关于这些现象的本质——亦即存于世界中的、用物理和化学所描述的、作为这些特征之原因的东西——还有更多可说的。

在一些规范概念的例子中，可能有一个广义的相似之处。例如，“道德上的错误”这个概念就包含着这样的标志：任何人都有很强的理由不去做的一种行动，它恰当地使这样做的人愧疚，使他人对这样做的人愤恨。但这个概念对为何不这样做的理由是开放的，对因这样做而感到愧疚或愤恨的理由也是开放的。一个人即使不清楚这些理由是什么，也能理解和使用“**道德上的错误**”这一概念，就像一个人可以拥有“**水**”的概念却不知道水的化学成分一样。关于什么使得一个人 44
道德上错误，还有更多的东西要讲，对此进一步说明的任务可以说是对道德错误的属性进行特征描述的任务。[44]如果这是正确的，那么该情形就表明，对属性的最小化理解是不充足的。对水这样的自然类做进一步的特征描述是一个科学问题——化学和物理学的问题；对道德错误做进一步的解释则是一个规范性问题——辨识相关的理由的问题。

我在这一讲中关心的是理由的概念，更具体地说，是关系 R（p，x，c，a）的概念。所以，我们面临的问题是，除了这个关系概念给出的东西之外，关于理由我们还有没有别的可说的，关于如何识别这个概念所表示的属性还有没有进一步可说的。由于诸如道德错误这样的理由概念是规范性的，这些进一步的说明也需要是规范性的。

如果理由的概念是"算作支持"（counts in favor of）一个行动者在某情况下做某事的考虑，那么进一步的说明就会是对什么叫作"算作支持"的一种说明。这种说明的形式可能是对理由的"抓住"或"权威"的说明，就像康德主义者和其他某些人提供的那种说明一样——理由的权威可以建立在合理性思想的基础上。如果成功的话，这种对"作为一个理由所要具备的属性"的说明将起到正确类型的解释作用——一种规范性解释，它与物理解释对"作为水所要具备的属性"起到的解释作用相类似。

然而我说过，我认为似乎不需要或者没办法对理由做出这种进一步的解释：只要作为理由的考虑对一个人来说是一个理由，"作为她或他的理由"这一点就"抓住"了这个人。这就是我在第一讲中提到的"理由基础主义"。在后面几讲中，我将更多地谈到康德主义和其他基于合理性的解释的备选观点的吸引力。现在我要考虑的是另一种不同的主张：对"作为理由所要具备的属性"的说明可以而且应当是自然

44　我在《我们彼此亏欠什么》第 12 页中提到了这一点。德里克·帕菲特在《我们彼此之间的可辩护性》（*Justifiability to Each Other*）中对此做出了批评。更进一步的讨论可见我的《错误与理由：一个再审视》（*Wrongness and Reasons: A Reexamination*）和帕菲特的《论重要之事》，第一卷，第 368—370 页。

主义的。

比如说，吉伯德就接受规范性概念的存在但拒斥规范属性的存在， 45
他认为规范属性在形而上学上是怪异的。[45]也许他并不反对我所提出的最小意义上的规范属性的观念。[46]同样在最小意义上，吉伯德并不反对规范事实的观念。他写道，如果我们所说的“事实”只是指“真实的思想”，那么就存在规范事实。如果“宣称‘痛苦是坏的为真’并不比宣称‘痛苦是坏的’多出什么，‘痛苦是坏的’这个事实就在于‘痛苦作为一种坏的东西而存在’（pain's being bad），［并且］相信‘痛苦是坏的’就是接受它是坏的”，“那么，‘痛苦是坏的’就是真的，并且它是事实”。[47]

吉伯德实际上建议的是用自然属性来建构组成规范性概念的规范属性，以使得在各种可能的情况下事物都能由此而落入规范性概念。例如，假定 P_1 是在 C_1 条件下要做的事，P_2 是在 C_2 条件下要做的事，以此类推，那么，规范性概念“要做的事”就是由“在 C_1 中具有 P_1 属性”“在 C_2 中具有 P_2 属性”等这样的属性建构而成的。[48]这个“大属性”（grand property）与规范性概念“要做的事”之间的关系，在某些方面就是人们会期望属性和相应的概念之间所具有的关系。例如，两者必然是同等外延的，但它们的同等外延不是先验的。尽管如此，对我而言，通过上述方式构造出来的“大属性”并不是与规范性概念相对应的那种属性的合适选项。这是因为，“大属性”并不能解释那个概念所挑选出来的事物的主要特征，它既不能像“有化学成分 H_2O”那样对水的特征做出解释，也不能像康德主义观点那样对理由的权威

45 《思考怎样生活》（*Thinking How to Live*），第 29—34 页。

46 布莱克本在这个意义上接受了规范属性的概念。他写道：“说道德谓词指称属性并没有什么坏处，因为这些属性只是它们作为谓词起作用这一事实的语义阴影。”见《如何成为一个伦理反实在论者》（*How to be an Ethical Anti-Realist*），第 181 页。

47 《思考怎样生活》，第 182—183 页。

48 《思考怎样生活》，第五章，尤其是第 98—99 页。

性做出解释。用摩尔的话说，在“**好**”这个例子中，吉伯德建构的大属性更接近于在说明什么东西是好的，而不是在说明什么是**好**。

46 在这方面，对于施罗德提出的对作为理由的属性的自然主义解释，还要多说几句。和吉伯德一样，施罗德也同意理由的概念不能分析为非规范词项。[49]但他认为，作为理由的属性是可以这样分析的。具体地说，他认为，p 是一个人 x 在情况 c 下做 a 的理由，就意味着存在一些作为 x 的欲望对象的 q，而理由 p 部分地解释了 x 是如何通过做 a 促进了 q 的。[50]

这个对什么是理由的解释完全使用自然主义的词项，所以从一开始它就注定要失败。把理由与自然属性等同起来，看起来会立即破坏理由的规范性。施罗德的回答是，如果规范性最好从理由的角度来理解（我同意这一点），那么他的表述只要抓住了理由的概念就能保持规范性。[51]有人可能认为（我也这样认为），他的解释的自然主义特征使他无法做到这一点。但是，除了仅仅断言他的学说不能保持理由的规范特征之外，我们还应该考虑施罗德提出的支持理由具有规范性的根据所在。

这个分析要成功需要什么？首先，它必须合理且良好地在外延上匹配我们对理由的最坚定的直觉判断。[52]然而这还不够。例如，按照吉伯德的模型提出的解释就能满足这一条件。但它似乎不太适合充当“作为理由的属性”的候选者，部分原因是它没有解释理由所具有的特性。施罗德认为他的解释恰恰做到了这一点。具体来说，他认为这解

---

49 《激情的奴隶》，第 65 页。

50 《激情的奴隶》，第 59 页，我稍微修改了施罗德的定义以符合我对 R（p，x，c，a）的表述。有一个明显的不同之处我暂时把它放在一边，那就是，他的定义从表面上看只适用于行动理由。

51 《激情的奴隶》，第 79 页及后续各页。

52 在《激情的奴隶》第五、第六章，施罗德认为他的解释符合这个条件。我不认为这些论点有说服力，但我将把这个分歧放在一边。

释了为什么一个人被他有做某事的理由的信念所激发，解释了为什么关于理由的事实随附于自然事实，解释了为什么有些人的理由和其他人的不同。

我同意施罗德的学说提供了前两种解释，尽管我相信非还原论的
学说可以提供同样好的解释——如果不是更好的话。我已经说明了非 47
还原论学说对协变和随附的解释，在后面的讲座中我将回到动机的问题。所以在这里我重点讨论第三种主张。

施罗德贯穿全书的主要例子涉及两个人，即罗尼和布拉德利。他们都被邀请去参加一个有舞会的聚会。“但是，”施罗德说，“罗尼喜欢跳舞，布拉德利却受不了。”他不无道理地宣称，聚会上会有舞会，这是罗尼去参加聚会的理由，但不是布拉德利去的理由。此外，两个人的理由之间的差异似乎是由“他们心理上的某些特征”解释的，这一点似乎没有争议。正如施罗德所理解的那样，休谟式理由理论就是“每一个理由都是由一种心理状态来解释的，这种心理状态以解释罗尼这个人的方式解释了罗尼的理由”[53]。（施罗德认为自己的观点是休谟式理由理论的一个特殊版本。）

如果要解释的是两个人理由之间的差异，那么这种差异似乎毫无争议地取决于他们的心理。但是，如果要对罗尼参加舞会的理由提出一种（最基础性的）解释的话，这种说法就成为有争议的了。我们很有可能会说，罗尼和布拉德利的理由之所以不同，是因为罗尼喜欢跳舞，而布拉德利不喜欢。[54]但这就留下了一个问题：为什么罗尼喜欢跳舞的事实使得“聚会上有舞会的事实给了他去聚会的理由”成为真的

---

53 《激情的奴隶》，第 2 页。

54 施罗德认为，根据休谟式理论，这种可能性是用心理特征解释罗尼的理由的一个备选方案，因此是休谟式观点的一种可能变体。（《激情的奴隶》，第 3 页。）我想说的是，可以用非休谟式理论来解释罗尼的理由，这种可能性削弱了罗尼和布拉德利的例子对休谟式理论的支持。

呢？正如休谟式的理论所认为的，这可能是因为罗尼具有一个体验快乐的欲求。或者，正如许多非休谟主义理论所主张的那样，这可能只是因为："（在大多数情况下）一个人会做令自己愉快的事情"这一事实，是他或她做这件事的一个理由。[55]所以，尽管将两个人理由之间的区别解释为关乎他们的心理状态，可能是没有争议的，但对罗尼理由的最基础性解释是不是心理状态，这是有争议的。这正是休谟主义者与非休谟主义者之间的争议所在。

48

在施罗德的论证中，对罗尼参加舞会的理由做出享乐主义解释的可能性进一步出现在两个点上。第一个是关于他所谓的"无背景条件观点"（no background conditions view）的有趣讨论。这个观点是这样的：在充分解释为什么某事是一个人执行某一特定行动的理由时所需要的任何条件，其本身都必须是这个理由的一部分。[56]如果这个观点是正确的，那么根据休谟式理论，对每一个行动理由的完整陈述都会提到行动者的欲望。施罗德说，这将给所有的理由赋予一个难以置信的自我相关特征，表明所有的行动者最终都是被自身欲望的满足所激发去行动的。并非所有的理由都具有这种自我相关特征，这就使得休谟式理论看起来不那么可信了。

施罗德的回答是，解释为何某种考虑是一个行动者的理由所需的每一个要素，并非都是这个理由的一部分。"如果罗尼真的想跳舞，那么**只要一想到**那里会有舞跳，他**就会**被激发去参加聚会。"[57]他没有必要也具有"并且我想要跳舞"这个想法。关于理由和背景条件之间的区别的这个一般性观点是非常正确和重要的。在对理由关系的表述中，

55 这里还有一个关于时间的问题：解释了罗尼理由的心理状态，是他决定去不去参加晚会的那个时刻的心理状态（比如说"他想等会儿在晚会上跳舞"这样一个心理事实），是（一直存在的）对跳舞这种经历（在实际发生的时候他会感到愉快）的欲求，还是一个未来的心理状态——（他有充分理由期待的）在舞会上跳舞时将会感受到的快乐？

56 《激情的奴隶》，第 23 页。

57 《激情的奴隶》，第 27 页。

我通过区分 p（行动者做 a 的理由）和 c（使得 p 成为理由的行动者所处的情境），指出了这一点。但将这一区分应用到罗尼和布拉德利的案例中，似乎会反对而非支持施罗德的观点。

一般来说，在理由的内容中加上“并且我想要 X”会使行动者的行动具有一种**难以置信的**自我相关的特征，因为在很多情况下，行动者会出于与满足其欲望无关的理由而欲求做某事。如果一个人想 49（desires to）为减轻世界贫困做出贡献，那么我们不可能说她寄支票的部分理由是为了满足她的欲望（desire）。但如果罗尼去聚会是因为他喜欢跳舞，他的理由很可能有自我相关的特征；而如果他想去跳舞是因为他答应带他的女朋友跳舞（即使他自己并不喜欢），或者他想去跳舞是因为他想激发他的弟弟们对舞蹈的兴趣，从而阻止他们去发展别的危险的爱好，他的理由就不具有这种自我相关特征。在后一种的情况下，作为他的理由的一部分，他具有一个达成更进一步的目标的欲望。但是，即使真如施罗德所认为的，这样的欲望对那些提供理由的目的而言是一个必要条件，这一事实也只会让理由的自我相关特性变得不可信。但是在施罗德所描述的那个例子中，罗尼的理由**的确是**自我相关的。在我看来，如果施罗德的观点是正确的，那么罗尼“想要跳舞”的欲望在这种情况下所发挥的作用，与欲望在我提到的其他情况下所发挥的一般性作用是不同的。它表明让罗尼的情况和布拉德利不同的那种心理状态，不是（在其他情况下都会发挥相同作用的）欲望而是事实。“罗尼喜欢跳舞”这个事实是罗尼的（毫无异议地自我相关的）理由的一部分，而不是像欲望在其他例子中的情况那样仅仅是一个背景条件。当然，至于是不是只有当“罗尼欲求愉快的经历”这一背景条件具备时，“罗尼喜欢跳舞”这一事实才为他提供一个去参加聚会的理由，这是一个更深层次的问题，也是一个有争议的问题。

这些问题再次出现在施罗德的《激情的奴隶》的第八章的开头。他简要地考虑了“欲望”和“人们乐于去做的事”作为“从根本上解释了罗尼和布拉德利理由差异的心理状态”的两个备选答案。[58] 在这两个选项中作出决定的一种方法是，设想“跳舞会给罗尼带来快乐但他自己不知道也没有想跳舞的欲望”的情况，并考虑如果是这种情况，
50 他必须参加聚会的理由是什么。施罗德反对这种论证方法，理由是我们对这种情况的直觉是不可靠的。他说，举例来说，我们不能排除这样一种可能性：即使罗尼没有想跳舞的欲望，他去聚会的原因也取决于其他一些欲望，比如想让自己开心的欲望。施罗德说，要排除这种欲望的可能性，或者排除罗尼有其他欲望的可能性而解释他为什么要做自己喜欢做的事情，都是很困难的。因此，“更有希望的是”，通过“更仔细地观察什么样的心理状态最**适合**解释理由的存在”——这种心理状态服从他之前所说的约束条件，来将讨论继续下去。[59]

关于这一解释路向，我们应该指出两点。首先，很有可能布拉德利和罗尼一样，也欲求做自己喜欢的事，或者他有其他的欲望来解释为什么他有理由做这样的事。因此，我们很有可能认为，布拉德利和罗尼之间的区别在于其他地方，比如他们喜欢**什么**的事实。其次，施罗德的策略似乎包含一个转向，即从寻找罗尼和布拉德利的理由之间的差异的解释转向寻找一种心理状态，这种心理状态既适合解释一般意义上的理由的存在，也适合解释罗尼的特殊理由。但是正如我之前说过的，我们应该寻找一种心理状态，只是因为它能够用来合理地解释罗尼和布拉德利的理由之间的差异。尽管“这种理由差异取决于他们的心理状态”的观点看上去是合理的，但“所有理由都由心理状态来解释”的观点则是另外一回事，这是更具争议性的，而且罗尼和布拉德利的例子并没有明显支持这一观点。

杰克逊（Frank Jackson）也强烈反对这样一种观点：除了纯粹的自然主义属性之外，还可能存在着与之同外延的规范属性。他有可能

58 《激情的奴隶》，第 147 页。

59 《激情的奴隶》，第 147 页。

不认为这些反对意见适用于我所提出的对规范属性的最小理解。但是我应该考虑他提出的那些反对意见是否针对我的方案。从我们提过的术语上来讲，杰克逊反对的是将 R 所表示的属性看作吉伯德所说的“大属性”之外的东西。

杰克逊提到了三个反对意见。第一，“很难看出我们如何能够有证 51
成地说明，语言使用者在使用‘正确’一词的时候，指示了一个与相关的纯描述性谓词所代表的属性有所不同的属性，因为，我们可以描述性地给出关于语言使用者如何以及在何时使用‘正确’一词的完整故事”。[60]假设我们知道四元集合<p，x，c，a>，且语言使用者认可“p 是 x 在 c 情况下做 a 的理由”，这是否就算是解释了语言使用者如何理解关系 R 的“完整故事”呢？在我看来似乎不是。我们需要进一步了解的是，当语言使用者认为 R（p，x，c，a）关系成立时他的反应如何。为了知道当语言使用者把“对某人而言 p 算作在 c 情况下支持 a 的理由”视为一个“真的思想”时他或她是不是也同意 R（p，x，c，a），我们需要知道他或她通常会不会把 R（p，x，c，a）看作与这个问题相关的：当他或她处在情况 c 下并相信 p 时会不会去做 a。

这也为回应杰克逊的第二个反对意见提供了基础。这个反对意见是这样的：“很难看出这些进一步的属性有什么伦理意义。如果有一个人说：‘我知道这样做会杀死很多人却救不了任何人，但这不足以表明我不这样做是正当的；真正重要的是，行为有一个额外的属性，只有道德术语才适合描述它。’我们是不是应该严肃地对待这样一个人？简而言之，这些额外的属性是伦理上的累赘。”[61]在我看来，用 R 表示的最小属性并不是一个“规范性累赘”。主张 R（p，x，c，a）成立，就是主张（对于情况 c 中的 x 而言）p 为做 a 的正当性提供了辩护，并不是说 p 有进一步的属性来辩护 a 的正当性。

60 杰克逊，《从形而上学到伦理学》（*From Metaphysics to Ethics*），第 127 页。

61 杰克逊，《从形而上学到伦理学》，第 127 页。

最后，杰克逊问我们如何确定，在哪些情况下除了纯描述属性还存在着与之同外延的规范属性。答案是，在每种情况下，这都是一个规范性问题：它取决于某个特定的 p 实际上是不是情况 c 中的人做 a 的理由。

我一直在为这样一种观点辩护：存在着关于理由的不可还原的规范真理。但是，正如我所解释的，我并不是说“在自然世界中”存在
52 着一个关系属性，即一个对应于“作为理由”这个关系概念的自然主义的关系属性。在我看来，规范真理构成了一个独特的领域，不需要自然的或特殊的形而上学实在就能具有我们通常赋予它们的意义。

鉴于我对规范性断言的真理之观点有上述限定的本性，有人可能会问，我的观点与吉伯德的表达主义或布莱克本的准实在论有多少实质性差别。吉伯德和布莱克本都允许（甚至支持）“规范性论断之真”是在他们所说的最小意义上的。和他们一样，我主张规范判断是关于我们对自然世界的反应的，而不是关于那个世界本身的（具体来说，在我的例子中是关于这些反应的**恰当性**）。所以看起来差别不大。我的观点所面临的挑战，与布莱克本所面临的“准实在论与实在论没什么不同”的挑战是相关联的。[62]

尽管有表面上的相似，我们的观点仍然存在重要的差别。这些差别在于，用什么方式来解释规范性承诺的实践意义，用什么方式来说明关于规范性问题的人际的劝告和分歧，在什么意义上我们的规范性承诺的正确性独立于这些承诺本身。我将在下一讲讨论这些问题。

---

62 见吉迪恩·罗森，《布莱克本的准实在论文集》（Gideon Rosen, *Blackburn's Essays in Quasi-Realism*）和杰米·德雷尔，《元伦理学与真理的最小主义问题》（Jamie Dreier, *Metaethics and the Problem of Creeping Minimalism*）。德雷尔提出，实在论和表达主义的区别在于，前者诉诸规范属性来解释某些现象而后者不这么做。因此，也许他会把我的观点放在这一区分中的“表达主义”这边，然而我并不这么认为。

第三讲　动机与表达主义的吸引力

1

有两条论证线索可以用来反驳行动理由判断可以有真假的观点，并支持关于规范判断的表达主义观点。第一个论证我在第二讲中提到过，它说的是，内在规范真理的观念具有不可接受的形而上学含义，与科学的或“自然主义的”世界观是不相容的。我将在这一讲中考虑第二个论证，它说的是，把理由判断解释为信念的做法，不能解释这些判断的实践意义，尤其是不能解释它们与行动的联系。

这通常是说，这样的理论无法解释规范判断如何激发人们采取行动。但到底需要什么样的解释，这并不清楚。“激发”一词具有两面性。当说只有欲望可以激发行动，而信念“在动机上具有惰性”的时候，我们讨论的动机似乎是一种因果效应。但是“激发”也有一个理性的甚至是规范性的方面：正如戴维森（Donald Davidson）所说，欲望不仅应该被当作能够激发行动的，而且能够使行动“合理化”[1]。我认为这至少意味着，一个欲望使一个（被认为能促进该欲望得到满足的）行动变得可以理解，甚至可能使之变得“合理”。

1　《行动、理由与原因》（*Actions, Reasons, and Causes*），第 4 页。

如果合理化一个行动就是让它对于行动者而言成为可以理解的甚至合理的，那么看起来，“一个行动者相信他有理由如此行动”尽管只是一个**“信念”**，仍可以像欲望一样合理化他的行动。因此，那种认为
54 唯有欲望具有动机效力的观点，以及认为理由的认知主义解释在这方面无能为力的观点，就得依赖于前一种即因果性的动机观念。

欲望总是不请自来，我们会觉得是它们在推动我们行动。但这并不意味着，用行动者的欲望来解释行动就是某种因果解释，而用行动者理由信念来解释则不是。理由信念同样不受我们的意志或选择的支配，而且可以具有一个苛刻的性质。不过，在更深层的观点看来，无论激发我们行动的是欲望还是理由信念，对这种“推动”的体验都不是对原因的直接体验。这种感觉只是我们瞬间体验的一个要素。如果说这种体验总是伴随着行动而发生，那是因为存在某种潜在的神经机制，它在欲望和信念的情况下都发挥着因果作用，但它并不是我们体验的直接对象。

即使“一个人有理由以某种方式行动”的信念，在某种意义上也能使一个行动合理化，亦即使之讲得通。但更需要说明的是，这样一个信念如何以及在何种意义上能够**解释**行动。在我看来，这种解释依赖于理性行动者的概念。理性行动者首先要能够思考某些行动或态度的理由，并能够得出其中哪些是好理由的结论。其次，仅当他对理由所做的判断能够影响他会做出的行动和态度时，他才是一个理性行动者。一个完全的理性行动者所采取的行动和态度，总是依据且合乎他或她所接受的理由判断。比如说，一个理性行动者通常会想要去做那些他或她判断为有决定性理由去做的事情，去相信那些他或她认为自己有充分证据表明其真实性的命题。[2]

更确切地说，如果一个理性行动者相信 p 是做 a 的决定性理由，

2 在第五讲，我将会讨论更强的规范关系，如**充分理由**和**决定性理由**。

她一般来说就会去做 a，并且是**出于这个理由**去做 a。也就是说，她会以“把 p 当作支持 a”的方式去引导自己的动作，当被问及为什么要这么做时，她会援引 p 作为理由。一开始她会援引的理由不是“p 是 a 的理由”这个事实或者她对这个事实的信念，而是“她把 p 当作支持 a 的”这个事实。如果她对 p 作为理由的援引受到质疑，那么随后她可能会诉诸“p 是 a 的理由”这一事实。同样的道理也适用于信念和对信念理由的信念之间的关系，以及其他态度和对其理由的信念之间的关系。如果理性行动者认为 p 是 q 的好证据，并因此是相信 q 的理由，那么他或她就会相信 q，并援引 p 作为他或她的理由。 55

一个完全合乎理性的行动者总是以这种方式回应他或她对理由的判断。没有谁是完全合乎理性的，但因为我们足够接近于符合这些标准，我们可以被称为理性行动者。当一个理性行动者做了他或她判定自己有理由做的事情时，这个判断就以规范性的方式使得这个行动得到理解，并解释了这个行动，因为它是一个接受了该判断的理性行动者被期望去做的。对于这种联系，以及我所提到的那些更一般的一致性（uniformities）——一个存在者可以据此成为理性行动者，也许也有一种因果解释。但那就是另一个需要由神经科学家来讲述的故事了。

这种常见的理性能动性的概念解释了理由信念的实践意义。如果一个理性行动者将 p 判断为在特定情况下做 a 的一个理由，那么他或她通常会将 p 视为在恰当情形中支持 a 的。如果他或她认为 p 是做 a 的决定性理由，那么他或她通常会在恰当情形出现时做 a，而且，这一点可以通过他或她持有的“p 是做 a 的理由”的信念来解释。如果这个行动者不这么做——无论是他拒绝将 p 看作理由，还是他意识到自己正处于符合他做出“p 是做 a 的决定性理由”这一判断的那种情境却仍然拒绝做 a，这个人都是不合乎理性的。

有人可能会反对说，如果一个人有意不去做他认为自己有决定性理由去做的事情，这时他所缺少的就是做那件事的**动机**。这也可以用来说明，即使在完全合乎理性的行动者的情况下，仅凭理由判断也不足以解释行动。动机要素是行动所必需的。

这种反对意见是错误的。的确，当一个人有意不去做他相信自己有决定性理由去做的事情时，他就没有被恰当地激发去做这件事。同样，当一个人（出于那个理由）去做他认为自己有决定性理由做的事
56 情时，他就被激发去这样做了。在后一种情况下，并不是说存在额外的要素激发了他，而仅仅是说，他的判断通过理性行动者的一个常规程序而指向了行动，行动者被他判断为决定性的考虑所激发。而在前面那种“不合理”的情形中，该常规程序未能正常发挥作用，行动者没有被那种考虑所“激发”。[3]

我所描述的理性行动者的概念既是常识性的，又是在当前讨论中有争议的。说它是常识性的，是因为我们都在这个意义上把自己和他人解释为理性行动者。说它是有争议的，是因为在我的解释下它完成了大量的任务，并可能被认为在哲学方面有乞题的嫌疑，尽管从日常的观点看它是显而易见的。

2

要弄清何以如此，就要将我对规范判断和后续行动之间联系的解释与表达主义理论所提供的解释进行比较。早期的非认知主义者黑尔（R. M. Hare）写道，道德判断必须被理解为表达了对命令的接受，因为这是唯一能在逻辑上与行动联系在一起的判断，亦即唯一有如下性质的判断：如果恰当的后续行动没有被执行，那就意味着说话者不真诚或没有理解自己所说的话。[4]吉伯德在最近的《思考怎样生活》一书

3 感谢约翰·布鲁姆和雷夫·韦奇伍德促使我对这一反对意见做出回应。

4 《道德语言》（*The Language of Morals*），第 20 页、第 171—172 页。

中，把理由判断（不一定是道德判断，而是对一个人最有理由做什么的判断）分析为对做什么事或采取什么计划的决定。[5]在我看来，他的观点不仅仅是说，采纳一个计划的状态**导致**了执行该计划的后续行动，而是说，对这个计划的采纳使得后续行动成为合理的，并可能使不执行这些行动成为不合理的。在之前的著作《明智的选择，恰当的感受》中，吉伯德将规范判断解释成表达了对规范的接受态度，只要行动者并非不合理的，对规范的接受就支配着他或她后续的态度和行动。[6]

和我的学说一样，每一种学说都试图解释更多反思状态（包括判 57
断或承诺的要素）与后续的各种反应（包括行动）之间的联系。所有这些学说都通过诉诸理性能动性的理想概念来解释这一联系：只要一个行动者不是不合理性的，他或她就会遵照自己所接受的命令或规范去行动，就会执行他或她所采纳的计划。在我的版本中，他还会根据自己认同的理由而采取某种态度。[7]

我的理论与其他理论的第一个不同之处在于，它一开始的反思状态是本质不同的。在表达主义的理论中，这种状态是某种决心或实践承诺：一种接受命令或规范、采纳计划的态度，或者如另一些表达主义者所说，一种表达赞同的态度或某种其他的"支持性态度"（pro-attitude）。这里所诉诸的合理性概念只是关乎实践的一致性，即"遵循"这些态度。相反地，在我看来，反思状态还关乎判断某事为真以及具有某种信念。这种状态的实践意义在于它作为理由判断或信念所特有的内容。因此，对合理性的范型还有很多的工作要做，才能在具有特定内容的信念和后续的态度、行动之间建立起联系。这仍然关乎"遵循"一个人的态度的那种实践一致性，但我所说的这种联系似乎更有

5 《思考怎样生活》，第三章等。

6 《明智的选择，恰当的感受》，第四章。

7 在这一点上我同意菲利帕·福特（Philippa Foot）的观点。见《自然的善》（*Natural Goodness*），第22—23页。

争议。正如我已经指出的，从常识的立场来看这并没有什么争议：这种联系是我们通常使用的合理性概念的一部分。但许多哲学家认为，不应该直接接受这个常识观点，至少还需要进一步的解释。

正如吉伯德所说，非认知主义理论试图解释“把某事物判定为一个理由”是什么意思，而不是像我一样把它视为不证自明的。[8]这些理论的起点是“一个人把某事物当作理由是什么意思”这样一个（心理学的）视角，而不是“**作为**理由是什么意思”这个（规范性的）视角。我（在对理性行动者的特征描述中）也提到将某事物视为理由的心理状态，我关于这种心理状态的观点与吉伯德的非常相似。但我想说的不止这些。我把“哪些事物**是**理由”的信念赋予行动者，并将他们描
58 述为回应着该信念的。表达主义者的理论回避了这一点，他们为“把某事物当作理由”的常识性观点提供了另外一种说明，并认为这一说明为我们的规范性思考提供了更深层的解释。

3

这样一个理论必须做到什么才能令人满意？它应该为“将某事物看作理由”的状态提供一个说明，这个说明能够符合并解释该状态所具有的丰富的实践意义。这就是吉伯德所称的**内在充足性**（internal adequacy）问题：表达主义的分析“是否解释了所有内在于规范性思考的东西，或者所有内在于可理解性的东西”。[9]

表达主义理论很大程度上是为了解释规范判断对于做出这些判断

8　见《思考怎样生活》，第 184—191 页。

9　《思考怎样生活》，第 186 页。吉伯德将“内在”充足性问题与“对规范性思考、规范性概念及其真值承担者的外在评论”进行了对比，并认为“后者既不属于规范性思考本身，也不等同于规范性思考”。这种对比并不完全清楚，但我认为他会把“规范判断是否符合‘世界上的’事实”的问题算作外在问题，而把“即使我不接受一个规范判断它是否可以是正确的”算作内在问题，因为后者完全是用规范词项来陈述的。

的行动者的重要性而发展出来的——为了解释这些判断是如何激发行动者的。我将回到这个问题，即表达主义对这一现象的解释是否充足。但我想首先考虑这样一种充足性：它是否充足地解释了在人际会话中——当我们提供建议或讨论一个行为的正当性时——规范判断的重要性?

吉伯德认为，对“*p* 是在 *c* 情况下做 *a* 的理由”进行判断，就是试图衡量“*p* 在这种情况下支持做 *a*”这一事实。这似乎会推出，建议某人说在她所处于的情况下 *p* 是做 *a* 的理由，就是在表达我接受了这样一个想法：将 *p* 考虑为在这种情况下支持做 *a*。这似乎没有把握到一个建议在听取它的人那里试图施加的规范效力。为什么这个听取建议的人要关心我的想法？我们可以尝试诉诸更上层的考虑来弥合这个鸿沟：我的建议可能在于表达了所接受的一个想法，即我采纳了“将事实 *p* 考虑为在她所处于的情况下支持做 *a*”这一想法。但鸿沟依然存在。她为什么要关心我想要采纳什么想法呢？看起来只有在接受者至少在某种程度上想要使她的规范思考与我的一致时，我的建议才能“抓住”她。[10]

我认为，如果我们“接受建议”表达的是接受一个规范而不是采纳一个想法，我刚才所描述的那种结构将仍然保持不变。把建议解释为“把 *p* 考虑为支持做 *a* 的命令”也有同样的困难，而且会产生一种对别人发号施令的不愉快氛围。如果把我的建议看成是表达了对“把 *p* 考虑为支持 *a*”的赞成，就可以避免这种不愉快的氛围，而且听起来可能更有道理。但这在一定程度上是因为“赞成”可以意味着很多不同的事情。例如，我可以赞成某人把 *p* 考虑为支持 *a*，因为我觉得这是一种奉承，或者因为这将使得这个人做一些对我有利的事情。为了 59

10　吉伯德在《明智的选择，恰当的感受》第 174—183 页中对规范性会话的可能形式进行了描述，它们都是沿着上述线索进行的。在那里他论证道，从根本上说，建议的权威性在大多数情况下取决于听者对刚刚提到的那种趋同的规范的接受。

把握建议的概念，需要更精确地规定赞成的相关类型。当（我更愿意说“仅当”）把我们对某人态度的赞同**基于**“他或她当作理由的东西与我们当作理由的东西实际上是相同的”时，“表达赞成”似乎才能描述在给出建议时所发生的事情。

类似的问题也出现在表达主义对作为辩护的规范论断的解释中。假设有人反对我做 a，而我回应说 p 是做 a 的一个好的理由，如果这只是在表达我“将事实 p 考虑为在这种情况下支持 a”的想法，或者我对这个想法的接受，那么为什么这会对那个反对者产生影响？很明显，我想要以这种方式行事，而这恰恰是那个人所反对的。在我看来，对于规范判断，无论把它解释为对接受规范的表达，解释为命令，还是解释为对赞同的表达，都会存在同样的问题。

我所为之辩护的理论避免了这些困难。根据这个理论，如果我建议说 p 是他或她做 a 的一个理由，我不是表达一个想法或一个命令，而是使那个人注意到我所说的是一个独立于我们两个人的事实，它是关于一个人有理由做什么的。作为一个独立于我们任何一方的事实，我们可以讨论并可能对它有不同的意见，就像我们可以对 1917 年谁是英国的首相有不同的意见一样。如果这个人相信我所说的，那么基于他是理性的，这就会“抓住”他后续的行动。不管他同意与否，**如果我的主张是正确的**，就会对处在他的位置上的人具有规范效力。它的力量来自这样一个事实：如果事实的确如此的话，p 实际上就是他做 a 的理由。[11]

60 这同样适用于辩护。如果有人反对我做 a，我们就对这件事是否得到了辩护存有分歧。不管对方同意与否，我对“p 是我做 a 的一个理由”的断言回应了他的质疑，而无论是我对接受规范的表达，是我的想法，还是我的赞同态度，都没有以这种方式做出回应。

---

11 正如我在第一讲中所说的。

至于吉伯德提到的另一个内在充足性条件（condition of internal adequacy），情况也差不多。这就是说，对规范判断的充分解释必须公正地对待这样一个想法：我们对理由的判断可能是错误的；如果它们是正确的，那么即使我们没有做出这些判断它们也是正确的。吉伯德用的一个例子是，一个对规范判断的内在充足性解释应该能够论证当一个人认为“为了取乐而踢一只狗是错误的”时他的想法是合理的，即使他被误导而相信踢一只狗是完全可以接受的行为。[12]

在与我所说的类似的情景中，“我可能会错误地认为 *p* 是我做 *a* 的理由”这一想法，可能被理解为是在表达我的“将 *p* 算作支持 *a* 的”打算，同时也是在表达我对支配我接受此打算的高阶规范的接受——可以想象，我知道这些规范也可能会支持我当前的态度的改变。[13]不过，认为这些高阶规范本身可能是错误的，这也是可以理解的。表明这一点的一个简单的方式就是去考虑，我可能会在未来持有与之不同的高阶规范，而它将会支配我改变对 *p* 和 *a* 的态度。但是，这都无法把握“这些态度可能是错的”这样一个想法，因为它无法区分朝向正确的改变和朝向错误的改变。

表达主义者可能会试图通过诉诸更高阶的规范来区分这两者，而这些规范可能要求改变目前我用来修正态度的规范。鉴于不难理解我接受的**这些**（更高阶的）规范也可能是错误的，所以倒退的可能性就又出现了。在建议和辩护的情况中，问题来自这样一个事实：按照表达主义的说法，在任何层面上，要想区分“正确”和“错误”的态度改变，所诉诸的态度都必须是当事人当下持有的态度。这意味着在这种理论中，一个人的规范信念出现根本错误的可能性是不可理解的。 *61*

12 吉伯德，《明智的选择，恰当的感受》，第 174—183 页。布莱克本也有相似的判断，见《错误与价值现象学》（*Errors and the Phenomenology of Value*），第 153 页。

13 布莱克本，《规范激情》（*Ruling Passions*），第 293 页；吉伯德，《明智的选择，恰当的感受》，第 168 页及后续各页。

不过，认为其他人可能存在根本的规范性错误的主张，在这种理论中倒是说得通。因此，正如安迪·伊根（Andy Egan）所指出的，表达主义观点的含义似乎是，我们每个人都必须把自己当成是唯一对这种可能性免疫的人。[14] 这是一个怪异的结果。

我所提倡的这种认知主义观点避免了上述困难。它一开始就切断了这种倒退：当一个人做出规范判断时，他是在宣称这个判断是正确的，而不仅仅是表达了他接受某种支持性态度。一个认知主义者会同意，如果某人的一个规范判断是错误的，那么他就有一个用来修正态度的（正确的）规范，这个规范会要求他根据目前尚未掌握的某些信息来修正他的判断。不过，认为一个人的（规范）判断可能出错的观点，并不需要任何特定的高阶态度来背书。[15]

4

在这些方面，我的观点比表达主义的更符合对规范判断的常识性理解。这并不奇怪，因为我的学说一开始就把常识的理由概念看作具有表面价值来谈。不过，这也许是由于我的观点更多涉及惯常的规范性思考，而不是吉伯德所说的“理智上可理解的”规范性思考。[16]所以，

---

14 见伊根，《准实在论与基本道德错误》（*Quasi-Realism and Fundamental Moral Error*）。伊根在他论文的最后部分指责布莱克本的观点走向了一种粗糙的主观主义，这在我看来是错误的。这里我只关注他在前面几节中的论点。

15 尽管认知主义能够避免这种倒退的问题，我还是认为，即使从认知主义的观点来看，“一个人所有的规范判断都可能是错误的”这一想法的可理解性也是存疑的。我认为我们一般应该避免痛苦而非追求它，难道我可能出错吗？我看不出这如何可能。我可能会犯什么样的错误呢？问这个问题就等于问，“某些规范会（正确地）找出错误”这个说法是什么意思。这并不在于对任何特定规范的认可，也不在于对关于“如何采纳规范”的高阶规范的认可。认为可能存在这样的错误似乎是不可思议的。但这种不可思议性是一个实质性的问题。

16 《思考怎样生活》，第 185 页。

我需要考虑我所接受的思考的那些惯常方面是否应该被拒绝。

按照我的理解，“把某事当作一个理由”的状态是一种纯粹的心理 62
状态，它和采纳一个计划、接受一个规范、感到赞同的状态一样，是一种“自然主义”的状态。从这个意义上说，甚至对女巫的信念也是一种自然主义的心理状态。一种可能的担忧是，就像对女巫的信念一样，对理由事实的信念也是**关于**某种非自然主义事物的，并因此而受到怀疑。

可能的反驳是，认为存在非自然真理的观点在形而上学上是怪异的。我在之前的讲座中已经解释过为什么我认为不是这样的。规范真理不需要怪异的形而上学的真值承担者。这些真理是由规范领域本身的标准所决定的。然而，即使这是可以接受的，也可以说这些标准没有得到充分定义以确定什么是规范意义上的真。[17]我认为这是一个很严重的问题，我会在第四讲讲到。

布莱克本对规范性思考的认知主义解释进一步提出了两个反对意见，我认为许多非认知主义者也有同样的想法。他写道，这种理解伦理判断的方式“被认识论问题和为什么我们应该关注事物的伦理属性的问题所瓦解”。[18] 下一讲我将讨论认识论的问题。但是关于布莱克本的第二个问题，在这里有几点要说。

首先，布莱克本在这里谈论的是**伦理**真理和信念，而不是更一般的理由真理和信念，这是有区别的。为什么我们要关心我们行动的道德正确性，这个问题不难理解。但要求一个理由并给出一个理由作为答案，则是一个**规范性**问题。正如我在第一讲中所指出的，当讨论的主题是一般的规范真理时，情况就大不相同了。关于我们如何知道这些真理，可能还有一个认识论的问题，但“为什么一个人应该关心他

17 这就是赖特所说的“认知指令”(cognitive command)的失败。参见《真理与客观性》，第88页及后续各页。

18 《规范激情》，第80页。

有什么理由？”这个问题如果被理解为在要求一个理由，那就是没有意义的。

也许布莱克本针对一般的规范真理所提出的问题“我们为什么应该关心它？”，不是一个要求理由的问题，而是一个关于理由的合理性权威的问题。它也是考斯嘉的“规范真理如何能够‘抓住’行动者”
63 问题的一个翻版。如果是这样的话，就支持了我在第一讲中提出的想法：除了康德主义者，还有许多其他理论的支持者，包括一些欲望理论以及这种情况下的表达主义理论，都相信理由的权威必须奠定在行动者已经接受的东西上。根据考斯嘉的观点，它必须建立在“行动者自身的意志”之上。如果接受一个计划或命令是一个行动者意志的表达，那么这也是（在我所解释的意义上的）一些表达主义者的观点。

这就给我们带来了一个问题，即表达主义对“规范判断对判断者的重要性”的说明是否具有内在充足性。这是因为，“某事物是不是一个理由”的问题是一个人在决定他相关的意志是什么的时候要问的问题，即关于他会有什么计划、他要接受什么规范的问题——假设行动者仅凭自身不可能回答这些关于他的意志、计划等方面的问题。我可能会想要把 p 看作在某些情况下支持我做 a，但这个想法**对我**的规范效力依赖于“我有很好的理由持有这个想法”的假设，对于任何高阶想法或规范来说也是如此。康德认为他有资源来阻止这种潜在的倒退，因为他相信存在着一个仅仅由“作为理性行动者”这一点而得以规定的规范态度。我认为他的论证不能令人信服。但在任何情况下，这种解决方案对于表达主义者而言都是无效的。

从行动者的观点来看，关于他或她有理由做什么的结论必须最终建立在关于理由的其他结论的基础上。这种说法似乎也受到倒退的威胁。[19] 就任何关于理由的结论，人们总是可以问它是否事实上是正确

19 考斯嘉就做出了如是指控。见《规范性的来源》，第 33 页。

的，即它声称是理由的那个事实是否真的可以作为理由，以及为什么如此。不过，这是一个普遍真理的一个实例：每一个争论都必须从某处开始。威胁表达主义理论或任何基于意志的理由理论的倒退，则是一种不同类型的倒退。任何计划，或对规范的接受，或赞同态度，都需要另一种判断即理由判断的支持。问题不是“我是否想要……”（或者“我是否赞同……”），而是“我**应该**想要……吗？我有好的理由这么做吗？”。除非我有很好的理由去怀疑这个结论，否则对该问题的肯定回答就会结束上述倒退。

正如我之前所说的，表达主义最初是作为一种解释动机问题（我 64
更倾向于表述为，规范判断和行动之间的合理联系）的方式而发展起来的。它确实解释了这种联系。如果我想要做某事（或接受命令做某事），那么，如果我没有拒绝它却在决定做什么时有意识地忽视了它，我就是不合理性的。但是，在行动者并非不合理性的情况下，关于他必须做什么（或必须把什么看作理由）的结论，与关于他有理由做什么的结论是两码事。后一种结论不仅取决于行动者自己的心灵状态（想法或其他态度），也取决于支持这些状态的理由，甚至从行动者自己的观点来看也是如此。因此，对规范判断和行动之间的合理联系的解释并不能完全说明这些判断的规范效力，即使从行动者自己的角度来看也是如此。

5

另一种不那么极端地理解布莱克本问题的方法，是把它看作认知主义者对规范判断和行动之间的合理联系的解释效力的挑战，即看作这样一个问题：仅凭一个理由信念如何解释行动？这是一个真正的问题，我在这一讲的前面部分已经给出了答案。从这个答案确实可以得出，如果对规范判断的接受是一种信念，它就不同于其他信念（如经验信念和数学信念），因为它与意图和行动有合理联系，而不仅仅是与其他信念有关。我所说的合理联系指的是，如果否认它就会陷入不合理。事实性信念在形式上可能比“与行动的合理联系”要弱，因为它们是关于**作为**理由的事物的信念，比如认为一把刀是锋利的，或者认为某种物质是有毒的。一个有这种信念的人如果“没有把自己相信的事实当作一个理由”，就应该合理地接受批评。但没有做到这一点并不总是不合理性的，也可能仅仅是做错了。相反，断定某种考虑是采取某个行动的理由，却拒绝将其当作理由，则是不合理性的。

可以认为，如果对规范判断的接受与行动之间具有这种合理联系，那么它就不是信念，因为（根据定义？）信念不具有这种联系。然而，由于缺乏进一步的论证，在我看来这种说法似乎只是一个规定。只要
65 认识到理由判断可以是正确或错误的，这与它们如何构成无关，那么规范信念就还是信念，它们与人际的争论和分歧中的信念没什么区别。

然而，有人提出论证说，具有我所说的接受规范判断这一特征的那种状态（不管它是否被称为信念）是不可能存在的。“适应性方向”（direction of fit）论证认为，没有任何一种状态能够同时具备正确性标准（“从心灵到世界”的适应性方向）和与意图－行动的合理联系（“从世界到心灵”的适应性方向）。[20]倘若所讨论的世界是由物理对象、因果关系构成的自然世界，这种说法就有一定的合理性。对于任何关于世界的命题 p，p 的信念都有一个从心灵到世界的适应性方向——也就是说，如果一个人面对 p 为假的可靠的证据却不改变这个信念，那么他或她就会合理地受到批评。任何这样的 p 也可能是某些行动 a 的好的理由。如果是这样，那么一个人相信 p 却没有把它当成做 a 的理由，就是犯了规范性错误，从而会合理地受到批评。不过，这种批评只有凭借一个进一步的规范性主张才是恰当的，即 p 是在情境 c 中做

20　例如，见迈克尔·史密斯，《道德问题》，第 112—125 页。

a 的理由，而不是仅仅凭借“该行动者相信 p”这一事实。所以，信念 p 仅仅通过它是其所是的状态与正确性标准（必须“适应世界”）相关联，但它与行动之间的合理性关联则不是通过同样的方式建立起来的。

然而，该论证是基于这样一个假设：我们所讨论的信念是一种关于自然世界的信念。若非如此，即如果相关的正确性标准不是适应于自然世界而是其他形式的正确性，那么这个论证的后半部分就失效了。特别是，如果我们讨论的信念 p 在行动者所处的情况下是做 a 的好的理由，那么它就是仅仅凭借它是其所是的状态为真的（而不必凭借任何进一步的规范事实），若一个人持有该信念却拒绝将它当作理由就是不合理的。一个状态不可能同时拥有从心灵到世界和从世界到心灵的适应性方向，这一论证的合理性仅限于两种情况，在这两种情况中提到的世界都是自然世界。认为“这个论证排除了对规范判断的信念解释”的倾向是我在第二讲中提到的另一种倾向的一个实例，那种倾向 *66*
就是，把独立于我们的一切事物（我们关于它们的意见可以是正确的或不正确的）的集合等同于“自然世界”。

6

尽管如此，关于如何理解应用于规范判断的正确性这个概念，仍然存在一些值得考虑的问题。在表达主义观点中，这种判断的基本内容是由一些“行动的”因素给出的（如采用计划或接受命令），这使这些判断不可能是对的或错的。我的策略是通过诉诸理性能动性的概念，将这一行动因素“导出”到理由判断在实践中的独特意义的解释之中。剩下的内容（即“某事物是一个理由”的主张）就像其他东西一样可以有对错，可以被人误解，也可以像任何其他命题那样在人际会话中发挥作用。问题是如何理解这些“剩下的内容”，即正确性论断。理由判断的显著意义在于其与行动的合理联系。但如果这就是全部，那么我所主张的“认知主义”似乎只是另一种形式的表达主义。

这个问题可以用对规范判断的真值条件的形而上学解释来回答。但我在第二讲中对规范真理的说明排除了这种解释。在“当规范判断与规范事实相符合时它就是正确的”这个观点中，如我所说，如果这些事实仅仅是真实的思想的反映，那么这种观点就不能称为解释。因此，可以说，问题仍然是这些想法的内容是什么，是什么使这些想法为真。

在这一点上，我认为，捍卫不可还原的规范真理的人必须坚持到底。有些考虑是某些行动或态度的好理由，这种想法是完全可以理解的。相信某种考虑是一种理由，与在后续的慎思中把它当作理由是不一样的——在一个人没有按照他所相信的理由去行动的情形下，他是不合理的。鉴于上述想法的可理解性，也因为把它视为具有表面价值就可以很好地说明“对理由进行思考和就理由进行论辩的实践活动”，除非它产生了一些无法圆满解决的困难，否则我们就不应该拒绝它。
67 我已经论证过，不可还原的规范真理的观念并不具有难以置信的形而上学含义，理由信念与后续行动之间的联系也能够得到令人满意的解释。

然而，除了对如何理解规范判断的正确性这一概念的担忧外，人们还可能提出这一概念对我们的重要性有多大的问题。我认为它在两种情况下是很重要的：一是有助于理解“规范判断的正确与否不依赖于判断是不是由我们‘做出’的”；二是有助于解释关于规范性问题的人际会话和分歧。每一种情况下的重要性都可能受到质疑。

假设你和我在“某人伤害了我这一事实是不是我反过来伤害他的好理由”这一问题上存在分歧，也许我坚持说它是好理由，而你否认这一点。假设我们继续为此争论了一段时间。为了让对方改变主意，我们每个人都提出了自己能想到的所有考虑，但我们还是有分歧。这时候，如果我像手里拿了张王牌一样坚持“但我的观点才是**对的**。他伤害了我这一事实**就是**理由！”，那将是毫无意义的，这种对“正确性”的呼吁无异于跺脚耍赖。[21]

同样地，在个人的内在语境中，如果一个人现在相信某事物是一个理由，就会很自然地认为它是一个理由，无论他曾经是否如此认为。但为什么这对我们如此重要？如果我们相信某件事是一个理由，并准备据此采取行动，那么我们为什么要关心它是否得到了一些独立的正确性标准的认可呢？正如尼采（Nietzsche）所说，对获得这样一个标准的支持的需要暴露了一种软弱。[22]布莱克本也说，有些人会感到需要这种阿波罗般的权威，而不是满足于接受他们自己偶然的情感和欲望所提供的动机，这是令人悲哀的。[23]

我在下一讲会讲到，这种担忧的人际版本的情况指向了一个真正的问题。但是，无论是对内在于个人的情况还是对人际情况的担心，都没有为我们提供理由来拒绝关注那种“规范判断可以是正确的或错误的”的主张。在一次不成功的劝说结束时，如果你就像有了一个进 *68*
一步的论据似的跺脚坚称“但我的观点就是对的！”（你当然认为它是对的了），那确实是无益的。当分歧是关于经验事实的问题时，也是如此。所以这并没有表明，在规范性分歧的情形中正确性概念放错地方了，最好弃之不顾。

此外，有一种观点认为，当我们在一个规范性问题上有分歧时，我们也存在一些对事实性问题的分歧。这些事实独立于我们中的每一个人，谁都没有任何特殊的权威来决定。比起试图让对方接受我们所接受的计划的那种观点，这样的观点能够更好地描述我们之间的关系。对分歧的这种解释当然是有吸引力的，不过这种吸引力并不能成为认为它是正确的理由。我之所以提到这个想法的吸引力，只是为了反驳

21　考斯嘉发现了这一点。见《规范性的来源》，第 38 页。

22　见《论道德谱系》（*On the Genealogy of Morality*），第三篇文章，特别是第 26—28 节。

23　《规范激情》，第 88—91 页。

一种被大家关注的说法：存在着这样一种正确性概念，它想要诉诸一种不可信的、毫无吸引力的基于个人视角的权威性。

同样地，在个人的情况下，当几个可供选择的行动看起来都很吸引人的时候，问自己更有理由去做哪个并不意味着某种软弱。认为这反映了一种软弱的观点，可能源于这样一种想法：关注一个人的规范信念的正确性，就意味着“在我们自身之外”寻找某种权威来告诉我们应该做什么。但这种“权威”的概念是一种误导性的比喻。任何表现为一组原则或戒律的形式的标准都有一个问题：为什么要这样做？但当我得出一个关于正确的规范判断的结论时（比如我有理由去做可以挽救我生命或避免痛苦的事情），没有这个进一步的问题。这些结论本身就具有规范性权威，它们不需要诉诸其他来源。关于正确性的问题是，它们是否有这种权威——相关的考虑是否真的是理由。除此之外没有别的问题了。我们怎么才能知道这一点呢？我将在下一讲进行讨论。

第四讲　认识论和确定性

1

我已经讲过，存在关于理由的不可还原的规范真理，而这些真理中最基本的规范性要素是关系 R（*p*，*x*，*c*，*a*），即事实、行动者、特定情况、行动或态度这四者之间的关系。我论证过“存在关于这一关系何时成立的真理”这一观点没有令人困扰的形而上学含义。说某物是理由，就等于说它与某个行动者以及行动具有这种关系，仅此而已。为了使理由真理具有我们所赋予的意义，并不需要什么在形而上学上更实在的属性。我也讲过（大多数）规范事实随附于关于自然世界的事实，这并不令人费解。

但是，如果理由真理表征了一种不同于自然事实的**自成一类**的事实，我们何以知道这些事实似乎就成了一件令人费解的事情。比如说，麦基就认为如果我们感知到了这些事实，“那一定是通过某种特殊的道德知觉或直觉，与我们知道其他一切东西的通常方式都完全不同”。他继续说道：

> 我们如何知道这个权威的规定性、这个独特伦理前提的真实性，或者这一独特的伦理推理模式的说服力呢？当我们问这个尴尬的问题时，通常的所有解释方式，无论是感官知觉或内省，还

> 是对解释性假说的建构和证实，还是逻辑推理或概念分析，还是这些操作的组合，都无法提供一个令人满意的答案。“一种特殊的直觉”是个站不住脚的答案，但却是任何清醒的客观主义者不得不诉诸的。[1]

70 麦基在这里谈的是客观的**伦理**真理，但正如我在第二讲中所说的，我相信他在一般的规范真理方面也会这么说。对这种反对意见的满意答复由两个部分组成：否定性部分和肯定性部分。否定性部分在于反对这一观点：规范事实是一种特殊实体，我们只能通过类似于感官知觉的能力才能“接触到”它们。肯定性部分解释了一种使我们可以知道规范真理的思考方式。

大多数经验判断的内容是关于在空间上与我们相区隔的那类（物理）对象的。这一事实引出了有关经验知识的独特的认识论问题，并使得知识的因果理论看起来像是一个合适的答案。如果信息要从它们那里传达到我们这里，除了通过它们对我们的感官表层产生因果影响之外，还能如何发生呢？信息通过非因果过程（某种形式的“直觉”）来传递，是个奇怪和难以置信的选项。

但在规范事实和数学事实的情况下，就大不相同了。在规范判断或数学判断的内容中，完全没有什么表明它们是关于具有特定时空位置的对象的。因此，这类对象不是“外在于”我们的。但是，如果这些事实没有时空位置，这可能会让我们把“如何才能知道它们”当作一个特殊的问题。因为，如果这些事实是“在空间和时间之外”的，那么，解释我们如何从它们那里获知信息的问题，似乎比解释如何获知经验真理的问题更大。没有任何因果联系可以填补这一鸿沟，所以

---

1 《伦理学：发明对与错》，第 38—39 页。同样，贝纳瑟拉夫写道，对数论或集合论的真值条件的典型解释将把它们描述为对象的条件，而“正如通常设想的那样，这些对象的本性使它们超出了人类认知的更好的理解方式（如感官知觉等）所能达到的范围”[《数学真理》（*Mathematical Truth*），第 409 页]。

似乎需要某种神秘的直觉。但在这里空间的隐喻是无效的。我们不应该接受“存在于时空之外”的领域这一观念，并因此认为它对我们来说是更加难以接近的。然而，如果我们拒绝这个隐喻，我们仍然面临着如何发现这些事物的真理的问题。

似乎只要以正确的方式思考这些问题，我们就能发现规范真理和数学真理。为了给麦基的反对意见提供一个令人满意的正面回答，我们需要描述这些“思考方式”，才能使“这是获得关于此类问题的知识的路径”这一主张更可信。

为了做到这一点，首先最好使用这些领域自己的术语（即规范术 71
语或数学术语）对它们进行一般性的特征描述。对这一主题的整体性解释可以帮助我们看到其中包含了什么，从而了解一些更具体的原则为何是有效的。理想情况下，它还可以回应第二和第三讲中提到的问题，保证关于该主题所有或至少是部分陈述具有确定的真值（不管我们能否发现），并保证这些真值是“独立于我们的”。在接下来要讨论的例子中我将会说明，对这个主题的整体性解释存在着很大的浮动空间，这会在实现上述目标的程度上产生显著分别，尤其体现在对“关于该主题的陈述具有确定真值”这一主张的支持程度上。

公正对待“规范陈述（或数学陈述）具有独立于我们的确定真值”的要求，是促使人们对规范事实或数学事实采取形而上学上的“厚”观点的理由之一。这引发了我们对如何才能接触到这些事实的认识论问题的担忧。作为回应，将这些事实解释为取决于我们——是我们思想或意志的产物——并因此为我们所理解，就变得很有吸引力。

为了避免这种循环，我们需要对这个主题——涉及以正确的方式与一种可信的认识论相契合的那个领域——进行整体性解释。也就是说，这个解释能搞清楚我们如何才能通过正确的思考方式来获得关于这个主题的知识，同时也允许这样一种可能性——关于这个主题的一些事实可能会超出我们的发现能力——从而避免陷入一种不合理的证实主义（verificationism）。

对于这种处理认识论和实在论之间的张力的策略，一个自然的反对意见是，它只是把认识论问题向后推了一步。我所想象的对规范领域或数学领域的那种整体性解释，本身就是一种非常一般性的规范性观点或数学观点。那么我们如何知道**这个**观点是正确的呢？这仍然是个问题。鉴于之前我面对麦基挑战所给出的那个回应的否定性部分是充分的，我会这样回答：反思平衡的方法为这个问题提供了一个令人满意的答案。

这个我在非常抽象的层次上讨论的问题，在数学事实和规范事实的情况中以非常相似的方式呈现出来，尽管这两个领域之间有重要的
72 区别。下一小节我将更详细地讨论它们是如何出现在集合论中的，在我看来这是一个特别清晰的例子。在第 3 小节中，我将讨论反思平衡的方法，并指出它是对刚才提到的问题的适当回应。第 4 小节讨论规范真理和关于它们的知识问题，我将论证，在集合论中达成的一般性结论也适用于规范领域，但在规范领域中找到一个令人满意的整体性解释的机会更加有限。

2

数学判断的认识论问题并不比经验判断的**更大**，而是属于不同类型的问题。问题不在于我们如何“接触到”数学所涉及的抽象结构，而在于我们如何通过弄清楚它们的哪些原则和推理模式是有效的来描述这些结构的特征，并确保相关的问题有确定真值。

以算术问题为例，它被适当地描述为仅由零和通过重复应用后继函数从零得出的所有其他数所组成。这种特征描述看起来显然是正确的，而且不是武断的。由于算术语句的真值最终是由关于后继关系的事实所决定的，所以这个描述支持“算术语句具有确定的真值”的观

点（除了对无穷论域进行这种描述看来是不可理解的）。我们能够考虑和比较这个序列中特定的有穷字符串 0，S0，SS0，……因此，我们“仅仅通过思考它们”就能得出算术的基本真理，这并不神秘。此外，根据对该领域的这种特征描述，我们可以认识到一般公理（如皮亚诺公理）是真的，这些公理又可以用来建立关于数的特殊定理。哥德尔证明了，任何一致的形式系统中都存在系统不可判定的语句，但这并不意味着这些不可判定的语句在该系统中没有确定的真值。

在集合论中，我们有一个得到普遍接受的公理集。但是，我们得有一种独立于这些公理的思考方式，这些公理凭借该思考方式才是明显正确的，否则它们看起来就只是一些任意的规定。

这是一种什么类型的思考方式呢？如果它不是一种神秘的知觉， 73
当我们思考集合时我们在做什么？在一些情况下，这似乎取决于“某种集合的概念中包含了”什么。例如，一种看法把集合理解为对象的汇集，它除了拥有这些元素外没有其他属性。因此，外延公理（the axiom of extensionality）——“两个不同的集合不可能有完全相同的元素”，看上去是由我们对集合的理解推出来的。不过，大多数公理并不具有这样的特征，即使它们看上去完全没问题。例如序对公理（the axiom of pairing）——“如果 a 和 b 是集合，那么存在集合 c，其元素只有 a 和 b”，它可能不是个概念真理，即不是“某种集合概念中包含着的”东西。但它看起来显然是真的，是任何能够理解集合概念的人都很难否认的，因为 c 被 a 和 b 所定义或由 a 和 b 所构造出来的方式是如此清楚明白而且显然没问题。

考虑一个更复杂的例子，即所谓的替换公理模式（axiom schema of replacement）。如果对于集合 z 中的每个元素 x 都存在唯一的集合 y 使得开语句 $\mathrm{M}(x, y)$ 为真，那么 $\mathrm{M}(x, y)$ 就定义了在集合 z 上的一个函数。替换公理模式的一个实例就是，对于任何集合 z，存在集合 w，其中只包含那些与集合 z 中的一些元素具有 M 关系的元素。（这个集合是这样产生的：将集合 z 中的每一个元素“替换”为由 M 定义的函数指派给它的那个集合。）这种从给定集合来定义或构造新集合的方法，不像在序对公理的情形中那样简单，其结果也不那么明显。但是，替换公理模式之所以被广泛接受，一方面是因为它具有内在的合理性，另一方面是因为它得出了非常可信的定理。并且经过几十年的使用，没有产生任何不可信的结论，更不用说产生矛盾了。[2]

这些例子可以很好地说明我们是如何获得关于集合的知识的。在我看来，它们可以有效地纠正这样一种倾向，即认为这种知识必须来自两种来源之一：或者来自集合的某种概念，或者来自对集合领域的某种直觉——类似于知觉。前者将集合论限定于概念真理，而后者看起来很神秘。这可以被称为“概念 / 直觉两难”。在我看来这个两难是
74 站不住脚的，不是因为它所描述的两个选项之间没有区别，而是因为它以一种误导性的方式描述了这两种选项。

就这个两难中的“概念”一端而言，支持集合论公理的思考方式并不仅仅在于识别出概念真理。[3]这是由引导序对公理和替换公理模式的推理过程所表现出来的。这种推理也不像前述两难的另一端所声称的那样，依赖于某种难以理解的直觉形式。它可能涉及一种“心灵摹写”（mental picturing），但这种摹写并不能被合理地理解为一种与集合领域之间的“直觉接触”的形式。毋宁说，我们是在用一种如此清楚明白的方式向自己呈现一个集合如何可以通过其他集合来刻画，就仿佛这样一个集合无可置疑地存在于我们的面前。

不是每一种支持集合论公理的推理都有这种形式。我已经提到过，

2　相关讨论见布洛斯，《集合的迭代概念》（Boolos，*The Iterative Conception of Set*），第 500 页；帕森斯，《数学思想及其对象》（*Mathematical Thought and its Objects*），第 134 页，第 339 页。

3　也不在于贝纳瑟拉夫所使用的那种“组合”意义上的思考方式，即从公理出发进行计算和推导。见《数学真理》，第 407 页。

支持替换公理模式的理由不仅来自我刚才说的那种直觉上的可信，还来自它的成果丰硕，即它的结果的可信（以及它没有导致难以置信的结果这一事实）。公理可以仅由后一种推理来支持。正如哥德尔的著名观察：

> 可能存在这样一些公理，它的可验证的结果如此丰硕，它对整个研究领域富有启发，并产生出强大的解决问题的方法……无论它们是不是内在地必然的，我们至少必须在与公认的物理理论同样的意义上接受它们。[4]

这种旨在得出关于集合的结论的推理形式，依赖于某些关于集合的特定判断的可信性：即使经过仔细思考，这些判断似乎仍然是明显正确的。进一步的主张是根据它们对这些判断进行解释和整合的能力而得到辩护的。通过这种方式得到越来越多的公理，我们可以据此对集合论领域做出越来越完整的说明。

这个过程仍然是零碎的。我们所缺乏的是对集合领域的整体性解释——类似于自然数的概念体系那样，如果能做到这一点就再好不过了。这样一个整体性解释要做到以下几点。首先，它可以用某种方式来描述这个领域，从而支持这样的观点：不管我们能否确定关于这个 75
域的问题的真理是什么，它们都具有确定的真值。其次，它可以为更具体的公理提供基本原理，也许包括能够解决重要的未决问题的那些公理。我将描述这样一个整体性解释的两个候选者，它们为我们之后对规范领域的讨论提供了有助益的示例。

第一个可能的理论有时被称为朴素集合论（naïve set theory）。根据这个理论，每个谓词 F 确定了一个可以用 F*a* 来描述的那些事物 *a* 所构成的集合。这种思想在哲学家那里比在数学家那里更流行。（例如，

4 《康托的连续体问题是什么？》（*What Is Cantor's Continuum Problem?*），第 477 页。

蒯因认为它特别重要。）[5]众所周知，它会导致矛盾，如罗素悖论涉及由不是其自身元素的所有集合所构成的集合。这一集合概念的失败导致蒯因得出这样的结论：集合论注定只能被一些零散的公理集所定义，这些公理集由于缺乏对它们所描述的对象的整体性解释而成为任意的。然而，还有其他更合理的方法来理解集合领域。

一种描述是由所谓的迭代概念集（iterative conception of set）提供的。[6]根据这个概念，集合的世界中只包括那些通过以下过程形成的集合：在第 0 步，开始于空集或指定元素的列表；在第 $n+1$ 步，形成所有基本元素集和所有在先前步中创建的集合；对每一个极限序数（limit ordinal）λ 而言，在第 λ 步形成在第 α（$\alpha<\lambda$）步形成的所有集合的集合。迭代概念为公认的集合理论中的大多数标准公理提供了一个基本原理。正如我所说的，这个描述在许多方面是模糊的或不完整的。首先，它几次提到了在先前步“形成”的“所有集合”的概念，这些概念似乎需要进一步的说明。[7]其次，目前仍不清楚这一构造的范围能有多广。据说它可以扩展到“所有的”超穷序数（transfinite ordinals），但这又是多远？这些序数本身也是集合，因此是需要指定的一部分。

撇开这些问题不谈，我们可以看到朴素概念和迭代概念是从对
76 “什么对集合而言是关键的”的两种不同理解出发的。朴素概念强调的是“集合是谓词的**外延**”的思想。在这个视角下，集合依赖于定义它们的谓词。而迭代概念表达了“集合是一种**汇集**”的思想。[8]在这个视角下，集合依赖于它们的元素，即由元素所“形成”的。在这个形成

5 相关讨论见帕森斯，《数学和哲学》（*Mathematics and Philosophy*），第 197—205 页。

6 关于这个概念以及它为集合论公理提供的充足基础，见肖恩菲尔德，《集合论公理》（Shoenfield，*Axioms of Set Theory*）；布洛斯，《集合的迭代概念》；帕森斯，《集合的迭代概念是什么？》（*What Is the Iterative Conception of Set?*）以及布洛斯，《再论迭代》（*Iteration Again*）。

7 正如帕森斯在《集合的迭代概念是什么？》中所说，还有一个问题是关于如何理解序列中“较早和较晚”的概念。

8 关于这一对冲突，见帕森斯，《数学思想及其对象》，第 113—122 页。

过程中没有提到谓词，但它假定一个集合的元素独立于该集合而存在。这就排除了一个集合是它自己的元素的可能性。朴素集合论必须予以拒绝，因为它导致了矛盾。回过头看，人们可能会说，它是本可以在这一点上被反对的。[9]

集合的迭代概念为策梅洛－弗兰克（Zermelo-Frankel）集合论的公理提供了一个直观的理论基础。[10]但这些公理产生了一些关于集合的重要问题，比如连续统假设——不存在大于所有自然数所构成的集合而小于所有自然数集的集合的超穷集——的真实性问题。要解决这个问题和其他问题，我们需要找到更多的公理。这些额外的公理以及集合领域的一般特征的说明，将主要以哥德尔所描述的方式被证成：它们具有解释和整合关于集合的更具体的、明显为真的结论的能力。（理想情况下，它们还将被迭代概念的增强版本或集合领域的其他整体性解释所支持。）那么我们可以说，集合论公理最终是由罗尔斯（Rawls）所说的反思平衡（reflective equilibrium）的方法来证成的。[11]这值得我们停下来思考，在多大程度上是这样的，以及这种方法可以提供什么样的证成。

3

概括地说，反思平衡的方法可以描述如下。[12]首先要就所讨论的主

9　虽然也有人提出“非良基”集合定理（*theory of non-well-founded sets*）以容许这种可能性。

10　见上页脚注 6 中所引的肖恩菲尔德和布洛斯的论文。

11　见帕森斯，《数学思想及其对象》，第 324—325 页。

12　这种方法是由罗尔斯命名的，他在 1951 年的《伦理决策程序概述》（“An Outline of a Decision Procedure for Ethics”）一文中首次提出了这种方法。后来他在《正义论》（*A Theory of Justice*）（第 20 页，脚注 7）中指出，尼尔森·古德曼（Nelson Goodman）在《事实、虚构与预测》（*Fact, Fiction and Forecast*）中“在为演绎推理和归纳推理的原则进行辩护时提出了类似的观点”。罗尔斯在《正义论》第九章和《道德理论的独立性》（“The Independence of Moral Theory”）一文中对这一方法进行了修正和发展。接下来的讨论借鉴了我在《罗尔斯论正当性》（“Rawls on Justification”）一文中的论述。

77 题确定一组深思熟虑的、具有任意程度的普遍性的判断。[13]这些判断看上去明显是正确的，并且是在有利于对相关主题做出正确判断这一指导思想下做出的。例如，如果讨论的主题是道德，它们可能是关于特定行为的对或错的判断，也可能是一般的道德原则，或者是关于“哪种考虑与行为的正确性相关”的判断。在集合论中，可能包括关于集合存在的一般性原则的判断，或关于特定集合存在的判断。该方法不将任何特定类型的判断（例如关于特定情形的判断）视为具有特殊的辩护地位。

该方法的下一步是制定出“解释”这些判断的一般性原则。罗尔斯指的是这样的原则：它们并不是关于“决定手头的主题是什么情况”的那种原则，而是“用来得到上一步中的那些判断”的那种原则。如果得出这些原则的尝试没有成功（这是很可能的），则他必须决定如何应对这些原则和深思熟虑的判断之间的分歧：是放弃原则所不能解释的那些判断，是修改原则以期它们能够更好地适合这些判断，还是把这二者以某种方式结合起来？然后他就继续这样在原则和判断之间来回尝试，直到最终得到一组判断和一组“解释”这些判断的原则。这种状态就是罗尔斯所说的反思平衡。应该强调的是，罗尔斯并不认为我们现在已经处于这种状态，也不认为我们有可能达到这种状态。这是一种理想，为实现它而进行的斗争将“无限期地持续下去”。[14]

罗尔斯有时把这种方法描述得像是一个人获得对某一主题的信念的过程——一个刻画我们的“正义感”的过程，这里甚至用上了心理

13 在《伦理决策程序概述》一文中，罗尔斯说，深思熟虑的判断是始于对特定情境的考虑的。但后来他扩大了这类判断的范围，把在任意程度的普遍性上看起来正确的判断都包括在内。见《道德理论的独立性》，第 289 页。

14 《政治自由主义》，第 97 页。在《回复哈贝马斯》（*Reply to Habermas*）中，罗尔斯说，“反思平衡是一个我们永远无法达到的点。尽管如此，通过讨论，我们的理念、原则和判断对我们来说似乎更合理了，我们认为它们比以前更有根据了。在这个意义上，我们可以更加接近它”（《政治自由主义》，第 385 页）。

学词汇。[15]然而，我并不把这个方法理解为描述一个人在想什么的过程，而是理解为决定他**该**想什么的方法。这就更好地理解了一个人在决定是否修改或放弃他之前“深思熟虑的判断”的过程中的各个阶段。如果他只是在寻求对他现有观点的准确描述，那么修改这些观点使其符合所提议的描述就是在伪造数据。我将把罗尔斯的观点理解成，探索一个原则能否解释一个给定的判断的过程，可能会导致我们改变对那个判断的看法，并重新评估它之所以看上去可信的理由。正如罗尔斯在谈及对正义原则的探索时所说的： 78

> 道德哲学是苏格拉底式的：一旦引导我们得到现有的深思熟虑的判断的那些原则被揭示出来，我们就可能会想要改变这些判断。即使那些原则完美地吻合这些判断，我们也可能想这样做。对那些原则的了解可能会使我们进一步反思，从而修正我们的判断。[16]

为什么要寻找更普遍的原则来“解释”我们深思熟虑的判断呢？我至少能想到三个理由（可能更多）。第一，正如我所提到的，我们会有理由要求对相关问题有一个整体性解释。这样的解释可以多少保证至少关于该主题的一部分问题有确定的答案。它还可能为捍卫更具体的原则（如行为准则）提供基础。第二，即使找不到这样一种整体性解释，寻求反思平衡的过程也可能导致发现中间层次的原则，这些原则将有助于回答我们目前深思熟虑的判断所不能解决的问题。第三，找到解释我们深思熟虑的判断的一般性原则，可以为这些判断本身提供新的解释，使它们更清楚地说明它们的含义，以及它们为何看起来可信。

15 《正义论》，第 46 页。

16 《正义论》，第 49 页。

当然，将这种方法应用于某一特定的主题，并不能保证得出关于我们深思熟虑的判断的一般性原则，更不用说对该主题令人信服的整体性解释了。它可能产生一个整体性解释，或只产生各式各样的局部原则。它也可能不产生任何一般性原则，甚至可能产生对主题的不相
79 容但得到同等辩护的整体性解释，进而支持一种关于该主题的多元主义。例如在集合论中，会发现有两种理解集合的方式，一种支持连续统假设的真实性而另一种不支持。[17]

假定把这种方式应用到一个给定的主题上，确实产生了处于“反思平衡”状态中的一组一般性原则和深思熟虑的判断。然而，为什么一个判断处于反思平衡中这一事实，就意味着我们有理由接受它呢？首先应该强调的是，我们通过一系列融贯的判断而获得了一致性，这一事实本身并不重要。判断之间的一致性（可以称为“非反思的平衡”）可以直接通过以这样或那样的方式去除相互冲突的判断而轻易实现。我们在反思平衡中所达成的信念的辩护力（如果有的话），必须存在于如何达成平衡的细节中。

不同的人对同一主题应用这种方法可能达到不同的反思平衡。通过考虑这一可能性的意义可以发现：如果我们知道，在同一个主题上，其他人运用反思平衡达成的信念与我们的不同，那么“此人的信念处于反思平衡中”这个事实就不重要了。重要的是这种平衡是如何达到的。在这种情况下要问的问题首先是：“这个人得出与我不同的结论，是不是因为她一开始就拥有与我不同的深思熟虑的判断？”如果是，我应该接受这些不同的判断吗？其次是：“这个人是否因为考虑了与我不同的原则而得出了不同的结论，或者在决定是修改原则还是修改与之冲突的判断时做出了与我不同的选择？”如果是的话，我也应该做

17 柯尔纳在《数学中的真理：多元性问题》（*Truth in Mathematics: The Question of Pluralism*）中揭示了这种可能性。

出这些不同的选择吗？[18]

如果这些问题的答案是肯定的，那么我们应该改变我们的信念，与这个人保持一致。如果答案是否定的，那么这个人达到反思平衡的事实就没有理由改变我们的想法。但是还有两种可能性。[19]第一种可能性是，导致这些不同的平衡的思路的合理性，应该让我们对有分歧的问题悬搁判断，至少是暂时悬搁。[以这种方式悬搁判断是否合适，取决于对导致这两种平衡的思路的实质性评估，而不只是取决于“达到这两种平衡的人是一般所说的‘认知对等者’(epistemic peers)”[*]这个事实。][20] 80

悬搁判断不表示不能够继续相信：根据关于我们所处理的主题的总体概念系统，这些问题可以有确定答案，我们能够通过进一步思考使问题封闭。另外，也不是说这种思考不能对“事实是否如此”做出悬搁判断。第二种可能性是，对“特定问题具有多种不同答案”的最佳解释是，它们来自对该主题的不同的整体性解释，任何一种解释都可以同样好地理解这一主题。这个结论是多元主义的，柯尔纳认为集合论可能就是这种情况。[21]

但是，即使这一过程不导致这种多元主义而是产生出唯一的一组判断和原则，我们仍然可能会问，为什么我们应该把“判断是在这一过程中保留下来的”这一事实所提供的证成视为充分的。要回答这个

---

18 当另一个人坚定持有的信念与我们的相冲突时，即使那个人的信念在整体上并不平衡，这些问题也是恰当的。

19 我很感谢西蒙·里彭要求我区分后两种可能性。

* 文中的“认知对等者”(epistemic peers)一词表示的是：对于同一件事情，论辩双方在信息、证据、知识储备、判断能力、资格的可靠性等方面都是对等的。“对等者分歧”(peer disagreement)指的是两个或多个认知对等者在同一件事情上产生分歧的情况。——译者注

20 因此，在认知对等者间发生分歧的情况下，我同意凯利(Thomas Kelly)的全局证据观(Total Evidence View)，也同意帕菲特的说法。见凯利，《对等者分歧与高阶证据》(*Peer Disagreement and Higher Order Evidence*)和帕菲特，《论重要之事》，第二卷，第428页。

21 见柯尔纳，《数学中的真理：多元性问题》。

问题，我们首先需要澄清：“充分”是对于什么而言的？

既然反思平衡是作为个体用来确定“关于一个主题应该思考什么”的方法而提出的，那么一个可能的答案就是，“就使得一个人的信念在主观上合理而言是充分的”——也就是说，使一个人不会由于持有这些信念而受到批评，也不会由于（基于其认知状况的限定）决定是否持有这些信念的方式而受到批评。

虽然这类评估可以从第三人称的角度做出，但就它相对于被评估
81 者的认知状况而言，这是一种主观评估：“相对于”指的是，相对于那个人可以获得的信息，以及一个人处在她的状况下在决定相信什么的时候被期望会想到的问题。但这种评估也包括客观因素。做出主观合理性判断的人必须运用他或她自己的标准去判断一个人在特定认知状况下**应该会**想些什么，以及一个人在这种状况下应该意识到的（唯一）有理由纳入考虑的因素是什么。

如果反思平衡的方法被理解为主观合理性的标准，那么，为了确定一个人在形成某个信念时是否达到了这个标准，我们应该问，被他视为“深思熟虑的判断”的信念是不是他没有好的理由去怀疑的，以及在执行该程序的后续步骤时他的决定（考虑到其认知状况的限制）是否合理。

一个更客观的评估将把这种相对性降低到一个人有限的认知状况，并设法通过援引“信念辩护是合理性的”这一条件来**完全地**解决这个问题。正如我在上面所指出的，这是我们在决定如何对“他人已经达成了包含着不同于我们的判断的反思平衡”这一事实做出反应时应该使用的标准。这也是我们自己在运用反思平衡方法时所希望做到的。例如，我们在决定是否将深思熟虑的判断之一视为信念时，问的是它是不是我们有理由相信的东西。如果**看上去**有理由相信它——初看起来并没有任何理由怀疑它，那么我们关于这个问题的答案就会是肯定的。如果没有这样的理由去怀疑它，那么无论从

“客观的”还是“主观的”标准来看，我们从这些信念出发都是无可指摘的。（如果没有这样的理由——在“我们应该注意到”这个意义上，那么至少我们在“主观上”是无可指摘的。）我们在寻求反思平衡的过程的后续步骤中所做的决定也有类似的道理：我们应该问，是否有更多的理由去修正一个原则或者放弃与之冲突的判断。只有当我们在这一点上犯了错（或者在我们本应该意识到的范围内犯了错），我们才可以被指摘。

上述讨论支持的结论是这样的：我们在反思平衡中达成特定的判 82
断，这一事实的辩护力量来自那些始于特定的深思熟虑的、在后来的平衡过程中被不断修正的判断，其本身具有实质性的优点。我不认为这是任何反思平衡方法的捍卫者应该否认或感到尴尬的事情。但是批评者常常认为，只有当作为起点的深思熟虑的判断是通过“来自反思平衡本身之外的方法”得到辩护时，反思平衡所达成的结论才能得到辩护。这是对该方法的一种反对意见，或者是方法本身的一个问题。[22] 有时他们会说，这一方法的辩护力量来自作为该过程起点的深思熟虑的判断的可信性，而不仅仅来自由执行这个过程的人所赋予的对那些判断的相信。[23]

我希望从我刚才所说的话中能够很清楚地看到，这种看待问题的方式是基于对该方法本身的一种误解，特别是基于对“深思熟虑的判断意味着什么”的误解。一个判断能算作关于某个主题的深思熟虑的判断，仅仅被有信心地持有是不够的，它还应该必须是：**当我在达成**

22　见理查德·布兰特，《一个关于善与正义的理论》（Richard Brandt, *A Theory of the Good and the Right*），第 20 页；西蒙·里彭，《对道德反应依赖的认识论论证》（*An Epistemological Argument for Moral Response-Dependence*）；托马斯·凯利和莎拉·麦格蕾丝（Sarah McGrath），《反思平衡足够吗？》（*Is Reflective Equilibrium Enough?*）；蒂姆斯·威廉姆森，《哲学的哲学》（Timothy Williamson, *The Philosophy of Philosophy*），第 244—246 页。

23　见布兰特，《一个关于善与正义的理论》；里彭，《对道德反应依赖的认识论论证》。

这类判断所要求的良好条件下考虑这一问题时，对我来说看起来明显为真的东西。如果我坐在扶手椅上，对月球上的情况一无所知，只是相信那里有一块石头上面刻着我的名字，那么无论我对这一点有多确信，都不能算是一个符合上述要求的“深思熟虑的判断”。

我认为，弄清反思平衡方法的这一方面，并不是在暴露它的一个弱点。但它的确有助于更清楚地定位这一方法在应用中得出的主张所存在的争议。古德曼、罗尔斯和其他该方法的提倡者将其作为一种在那些看起来不“由知觉担保”（underwritten by perception）的主题中（如正义、道德、逻辑，或我讨论过的集合论）证成信念的方法。[24] 在这个主张中，很重要的一点是，关于这些主题我们有理由相信的是当
83 我们在正确的条件下去思考时看起来为真的东西。因此，如果没有明显的理由去怀疑它们，那么将其作为深思熟虑的判断纳入我们寻求反思平衡的过程就是合适的。在考虑集合或行动理由时坚持这一点，就是在拒绝如下的观点：这些信念有问题，因为它们就和我刚才想象的那个“月球上的某块石头上有我的名字”的信念一样，不是经由正确的方式（亦即通过因果过程）“接触到”相关事实而形成的。在之前关于集合论的讨论中，我已经清楚地阐明了这种反对意见。我通过两种方法捍卫了这一点：首先，我质疑了对方观点在我看来所依赖的形而上学图景（在对麦基意见的回应中我称为“否定性部分”）；其次，在这一讲的前面部分我澄清了，在得到有关集合的深思熟虑的判断的过程中所使用的那种思考方式，为何不是一种神秘的感知形式（我的回应中的“肯定性部分”）。[25]

因此，决定将一个判断视为深思熟虑的判断，就要认可“在特定

---

24 正如凯利和麦格蕾丝在《反思平衡足够吗？》第 352 页所指出的。

25 如果“回避”指的是忽略问题并指望读者不要注意到它，那么我这样做并不是在回避问题。见凯利和麦格蕾丝，《反思平衡足够吗？》，第 353 页。罗尔斯也明确反驳了“关于正义的判断需要诉诸因果接触”的观点。见《政治自由主义》，讲座Ⅲ，第 6 节。

条件下看起来为真的事实是把该判断（至少暂时地）视为真的依据”。这似乎表明，所有的辩护工作都是在寻求反思平衡的过程还未开始的最初阶段就已经完成，而反思平衡方法本身几乎没有什么工作可做了。凯利（Kelly）和麦格蕾丝（McGrath）写道，“这个故事有趣的地方不在于追求反思平衡本身，而在于为什么某些起点比其他起点更合理，以及我们如何识别或抓住这样的事实”。[26]

我认为凯利和麦格蕾丝是对的，这就是关于反思平衡的许多争议所在。也就是说，对这种方法的大部分批评都包含这样一种说法，即它忽略了“我们如何识别或抓住”我们深思熟虑的判断所涉及的“事实”。但在我看来，他们的观点在几个方面仍然具有误导性。

第一，决定将某个判断视为深思熟虑的判断（以及评估反对这样
做的意见），这并不是独立于反思平衡方法之外的。相反，正如我所强 84
调的，它是执行这种方法的一个关键部分。

第二，在决定某个看似正确的判断是否应该被视为深思熟虑的判断时，我们需要问一个问题，那就是，它是否有任何不可信的蕴含或预设。将一个判断视为**深思熟虑**的判断，需要得出一个初步结论：它没有这样的蕴含或预设。在该方法的后续阶段，我们通过考虑一般性原则如何解释这一判断来检验上述初步结论是否正确。如果深思熟虑的判断通过了这个进一步的检验，这就使它变得更可信了。

第三，即使反思平衡本身（一个人的信念的一致性）的重要性是有限的，找到解释一个人信念的一般性原则也有重要的好处。正如我上面所说的，对一个主题的整体性解释可以保证关于它的一些判断具有确定的真值。即使找不到这样一个整体性解释，找到一般性原则来解释我们深思熟虑的判断，也可以对这些判断本身获得新的认识——更清楚地说明它们可以归结于什么，以及为什么它们看起来是可信的。

---

26 凯利和麦格蕾丝，《反思平衡足够吗？》，第 353 页。

所以，即使反思平衡本身并不重要，对反思平衡的**追寻过程**也是我们“设法识别或抓住”相关事实的方式，无论我们是否最终达到了它。这样的追寻过程包括：确认我们深思熟虑的判断，更多地了解它们，在思考能够解释它们的原则的过程中修改它们。这是故事中很有趣的一部分——事实上，这就是故事本身。

4

现在，我将从这些关于反思平衡和集合论哲学的评论转向我在这几讲中主要关注的实践理性的话题。我来总结一下我认为可以带入下一个话题的要点。我试图提出以下主张：第一，我们关于集合的知识源于我们如何“接触”这些实体，这是没有问题的。如果有的话，也一定是我们关于集合的实质性推理的可靠性问题。第二，这种推理（支持特定公理以及如迭代概念那样的更一般的主张）取决于关于集合的特定主张，它们虽然不是概念真理，但显而易见是真的。从这些主
85 张可以过渡到其他主张，后者通过以可信的方式解释并整合了前者而得到辩护。只要这里还有怀疑的余地，那就一定是对这些基本主张的正确性提出了实质性的挑战。第三，对集合领域的一般性解释，如迭代概念所提供的解释，本身就是集合论的一部分，而不是用集合领域之外的术语对该领域进行的描述。第四，集合论是否“独立于我们而客观地为真”的问题，不是“集合是不是世界的一部分”的形而上学问题，而是这样一个问题：集合领域是否可以被描述为支持“集合论的每一个（至少是大多数）陈述都有确定的真值”这一观点，无论我们能否执行所需的推理来确定这些真值实际上是什么。

集合论与实践理性之间存在重要的区别。集合论的主题是一个抽象的理论领域，它可以（至少部分地可以）被描述为有可能用一种精确的、形式化的方式对它进行推理。实践理性，正如其名称所暗示的

那样，其主题是实践的，它的精确性要低得多，可能无法这样表达出来。此外，正如我将要讨论的，实践理性领域不太可能如集合论那样被描述为支持“每一个规范陈述都有一个确定真值”的主张。

我并非无视这些差异。但我相信，尽管存在这些巨大的差异，我刚才所提出的关于集合知识的一些观点也适用于实践理由。第一点是，只要存在“我们如何获知理由真理”的问题，它就不是一个我们如何可以“接触到”相关事实的问题。在规范真理的本质中，没有任何东西表明存在着“与我们有一定距离”的事实——它们只有通过某种神秘的直觉形式才能被感知。一个事物是不是理由的问题可以用我们熟悉的方法来理解和思考。我们通过这些方法得出的一些结论看上去明显是正确的。例如，“一个行动是避免严重的生理疼痛而必须做的”这一事实，在大多数情况下是去做这个行动的理由，这看上去显然是正确的。如果一个人有理由达成某个目的，给定其他条件不变，“一个行动是达成该目的所必需的”这一事实看上去也显然是这个行动的理由。当然，即便这些真理是明显的，其边缘也是不确定的。确切来说，当痛苦值得忍受，当“一个行动会达成我们的目的”这一事 86
实并非做那个行动的理由或充分的理由时，上述判断就不那么显而易见了。

尽管存在这些不确定性，但还是存在一些核心案例，其中，理由判断看上去明显是真的。如果我们要否定这些判断，那就必须基于实质性的理由来判定它们是错误的，而根本不是基于我们如何能接触到这些事实的问题。[27]仅当“只有当规范结论所表征的事实具有某种使我们无法接触到它的特殊的形而上学性质时，这些结论才有意义”这一论断成立时，后一种意义上的普遍怀疑才是值得讨论的。较之于关于

27 在这一点上，我同意罗纳德·德沃金的观点，即只有内在怀疑论（internal skepticism）才值得担忧。见《刺猬的正义》，尤其是第三章，第67—68页。

集合的真理，在关于实践理由结论的情形中，我看不出多了什么理由来让我们相信这一点。

然而，即使接受上述结论，它也完全是否定性的——只是拒斥了对实践理由的知识主张的一个特定挑战而已。对这一挑战的成功反驳本身并不能为“行动理由论断一般都具有确定真值”的主张提供任何肯定性的保证，更不用说为我们如何知道这些真值提供一般性说明了。

从集合论的讨论中延伸出来的第二点是，能提供这种保证的是用规范词项对实践理由领域做出的一般性描述（如果我们能得到它的话），类似于我提到过的对集合领域的一般性描述。对实践理由领域的这种描述可以提供一个基础来据此给出类似于公理的一般性原则，这些原则又可以用来支持关于理由的更具体的主张。即使它不能提供一种方法来确定我们具有什么理由（或者，如果这些方法是不完善的），这一解释也能对实践理由领域进行描述从而确保理由论断具有确定真值，即使我们无法总是发现这些真值是什么。

我在第一讲提到的规范欲望理论，就是对这类实践理由领域的一般性描述。规范欲望理论不是一种自然主义论题，而是一种一般性的
87 规范主张，它将规范意义赋予某些自然事实，包括关于行动者欲望的事实。因此，它本身并不是对麦基等人提出的那种对规范真理的形而上学和认识论上的反驳之回应。但是我在相关章节说过，麦基的这些反对意见是没有价值的，以此为由拒绝规范欲望理论是错误的。如果这个理论能站得住脚的话，它正是我们所需要的。

从我们对集合论的讨论中延伸出来的第三点是，为了能够站得住脚，对实践理由领域的一般性描述（比如规范欲望理论）需要得到反思平衡论证的支持。它需要能够得出关于我们有理由做什么的可信结论（而不产生不可信结论），并且需要以可信且有启发性的方式解释这

些结论以及实践理性的其他特征。[28]不幸的是，欲望理论没有做到这两点。

首先，考虑一下实际欲望理论（actual desire theory）：根据这个理论，如果做某一行动可以促进我们某个欲望的满足，我们就有理由去做它。这种理论对“我们所拥有的理由是什么”的回答难以令人信服。如果我想步行去阿拉斯加，这种欲望本身并不能给出让我这样做的理由。也许有人会回答说，我想做这件事确实给了我做这件事的**某种**理由，但做这件事所需要的巨大努力和牺牲显然胜过了这个理由，因此我们不得不（错误地）说我**没有**理由。

但这个回答并不令人信服。当我们权衡上述理由时，与步行的代价和难度相对应的东西不是关于这个欲望本身的（比如这个欲望有多强烈），而是被有这个欲望的人看作支持这一长途跋涉的那些考虑，比如想去亲历这个国家的一部分，想完成一件特别艰难的事情，或者想要获得完成这样一件事之后的成就感。[29]

这就引出了一个重要的观点，即规范（及实际）欲望理论的问题不仅在于它会导致人们在特定情形中对理由得出不可信的结论，而且还在于它从行动者自身的视角错误地描述了欲望和理由的关系。“有做 *88*
某事的欲望”通常涉及考虑或者想象“对于做这件事有什么可说的”。从行动者的角度来看，是那些被认为是“可欲的考虑”而不是“具有欲望”这一事实，为行动提供了理由。[30]

28 这是对我在第一讲中提到的反对意见的回应，即规范欲望理论本身并不能解决规范真理的认识论上的担忧。

29 尤其是约瑟夫·拉兹，《不可通约性和能动性》（Joseph Raz, *Incommensurability and Agency*），第 46—66 页，尤其是第 50—62 页。

30 我在《我们彼此亏欠什么》第 37 页及后续各页中论证了这一关于欲望的主张。亦见沃伦·奎恩，《合理性的位置所在》（Warren Quinn, *Putting Rationality in its Place*），第 236 页、第 246—247 页；以及约瑟夫·拉兹，《自由的道德》（*The Morality of Freedom*），第 140—143 页。

这里的情况类似于朴素集合论。我说过，朴素集合论被拒绝不仅因为它的结论（在那种情况下不仅不合理，甚至会产生矛盾），还因为它基于一个关于集合、集合的元素以及拣选这些元素的谓词三者之间的错误的优先级关系。当我们关注谓词的**外延**时，朴素集合论似乎很有吸引力。这个观点使集合取决于定义它的谓词，而忽略了集合及其元素之间的优先级关系。这种关系的核心是作为元素**汇集**的集合概念，而这却是由迭代概念所表达的。这并不是说这两种观念都是不融贯的（即使想要以避免矛盾的方式将集合概念表述为外延，仍需关注合适的谓词的论域范围）。更确切地说，“外延”和“汇集”是不同的概念，后者更适合于集合在数学中所起的作用。

同样地，当我们把注意力集中在解释性问题，即“一个行动者做某件事的理由是什么”的问题上时，实际欲望理论似乎是可信的。这是一个关于行动者的心理学问题，一个关于行动者将什么**视为**那样做的理由的问题［我称为行动者的“施行性理由”（operative reason）］。[31]人们会很自然地援引一种心理状态来回答这个问题，比如，“他去圣路易斯是因为他想看看密西西比河”。以这种方式援引一个欲望，确实部分地确定了行动者把什么看作行动理由：在这种情形中，“去看密西西比河”的确是在他看来可欲求的事。如果行动者没有这个欲望，他可能就不会去圣路易斯了，这也是真的。所以，关于他的（施行性）理
89 由是什么的心理事实取决于关于他的欲望的事实。这可能看上去是支持规范欲望理论的一点。但它实际上并不支持这样一个理论，因为它只处理了关于行动者的施行性理由的心理学问题，而没有考虑在规范意义上有什么理由的问题。（此外，如上所述，即使从行动者自身的观点来看，为他提供理由的也不是他的欲望，而是这个欲望的对象的特征。）

31　见《我们彼此亏欠什么》，第 19 页。

实际欲望理论背后的理由概念完全是心理学和解释性的，而不是规范性的。然而，通过诉诸合理性，即诉诸“按自己的欲望去行动是合理的”这一想法，似乎可以增加一种规范性要素。考虑到刚刚提到的事实，即有欲望意味着把某些考虑看作理由，这一观点得到了加强。如果有一个欲望包括了将某事物看成是追求欲望对象的一个理由，那么只要不拒绝这种欲望（同时，继续认为自己持有该理由），否认一个人有理由去做有助于获得这个对象的事情，这就是不合理的。[32]

这种思路混淆了规范性问题与合理性问题。前者是“一个人在这种情况下有理由做什么”，后者则是“只要一个人不是非理性的，在他目前的其他态度下，他必须把什么视为做 *a* 的理由”。这两个问题很容易混淆，但它们是截然不同的。规范欲望理论应该回答的是前一个问题，而不是解释性问题（一个人的行动理由是什么）或合理性问题。

上述问题不能通过转向理想欲望理论（ideal desire theory）来避免。理想欲望理论认为，一个人有理由去做能够满足（基于他目前所处的情况）“他在理想条件下将会具有的欲望”的事情，理想条件是指他充分知情、清楚考虑等等。当我们问为什么“一个人在这种理想条件下会具有的欲望”被认为是与“他或她现在应该做什么”有关时，这一点就表现出来了。如果答案是，在这些理想条件下人们最有可能把事情做对，那么从规范性角度来说，我们所持有的就不再是欲望理论了。起主要作用的不是欲望，而是一个人的欲望在理想条件下将会回应的规范事实。另一个思路是，人们可能会说，“一个人在理想条件 90
下现在会想要什么”（与上述问题）是相关的，因为它指明了，（在充分了解的情况下）实际上什么会最能促进那个人当下欲望的实现。这个解释类似于我之前所讨论的基于合理性的思路，也保留它的弱点：

32　威廉斯的内在主义视角包含了上述两个要素：一是认为理由必须能够解释一个行动者的行动，二是（如我在第一讲所说）认为，拒绝遵循“健全慎思路径”而从“一个人的欲望及其‘主观动机集合’的其他要素”而来的理由论断，是不合理性的。

它只给出了一个结论，即在行动者并未不合理性的条件下，**给定**他（她）当前的欲望，他（她）必须认作理由的东西是什么的结论，而不是给出了关于那个人实际上有理由做什么的结论。

如果规范欲望理论被拒绝，就会留给我们一个问题：是否存在对理由领域的其他一般性描述，能够为实践理性的实质性原则提供基础，并保证至少有一些关于行动理由的问题有确定答案。在我看来，这个角色的主要候选者似乎是某种形式的建构主义，或将理由奠基于合理性概念之上的某种其他方式。我将试着解释为什么在我看来它们都不可能成功。

5

对一个主题的建构主义解释，通过规定某种程序来描述关于该主题的事实——这些事实可以通过那种程序被确定或被建构出来。许多截然不同的解释都符合这个宽泛的定义。想要给出一种具有前述两个优点的解释，构建程序看起来是一种特别好的方式，其理由因领域的不同而异。

数学中的建构主义是一种对用“完成的无穷”（completed infinite）——例如对 0 和后继函数封闭的集合——来刻画论域的担忧的回应。这个担忧在于，这种描述并不保证关于该领域的所有陈述都具有确定真值。例如，一些建构主义者坚持，为了建构“对任意数 x，都存在数 y，使得 M（x，y）”，仅仅从“对有些 n，并非对所有 m 都有 M（n，m）”这一设定中推出矛盾，是不够的。这个结论依赖于建构主义者视为无担保假设（unwarranted assumption）的这样一个命题：（x）$\exists y$M（x，y）要么为真要么为假。他们说，建构这样一个结论所需要的是给出一个程序，通过这个程序，对于任意的 n，我们可以找到一个 m 使得 M（n，m）。

从这个意义上说，集合的迭代概念不是建构主义的解释，因为它 91
所涉及的超穷建构（transfinite construction）不是我们可以执行的。但在我所描述的更一般的意义上，它是建构主义的。它所描述的建构方式似乎是刻画集合领域的一种恰当方式，因为它看上去把握到了“集合是独立存在对象的任意汇集”的思想。如果这就是集合，那么集合的宇宙将包含那些可以由任意元素出发所构成的东西，这看起来是合理的。我们需要考虑的问题是，为什么建构过程应该是刻画规范领域的恰当方式。

我将探讨的答案是，对规范领域的建构主义解释之所以有吸引力，是因为它似乎为“规范判断如何有独立于我们的确定真值”提供了一种解释，同时为“获得这些真理的认知途径以及这些真理对我们的实践意义”提供了一个基础。因此，它回应了麦基的挑战背后的张力：这些真理独立于我们和我们能够认识它们之间的张力，以及它们对我们的独立性和对我们的实践意义（“规定性”）之间的张力。

要了解建构主义理论是如何做到这一点的，我们先来看看约翰·罗尔斯的理论，他在这个领域引入了建构主义这个术语。[33]罗尔斯关注的不是一般意义上的规范或道德，而是正义，即评估基本社会制度的原则。他认为，这些原则的作用是作为一个共同的基础，用来评估公民对“他们的制度应该是什么样的”的相互冲突的主张。他认为这类冲突主要发生在处于不同经济阶层、拥有不同宗教观点的个人之间，或者更广泛地说，发生在不同的“善的概念”之间。因此，适合这种调停作用的原则，需要在分歧两方的这些人都有理由接受的基础上得到辩护。罗尔斯建议道，如果分歧的各方不知道自己代表了什么经济阶层，也不知道自己所持的善的概念是什么，那么他们都会赞同

33 见罗尔斯，《道德理论中的康德式建构主义》（*Kantian Constructivism in Moral Theory*）以及《政治自由主义》第 3 讲“政治建构主义”（Political Constructivism）。

92 的那些原则就将具有这种正当性。他利用原初状态的概念让这一观点更加精确：正义原则在原初状态中被选择出来。[34]

正确的正义原则，是罗尔斯描述的原初状态中的各方都会同意的那些原则。这样产生出来的理论具有建构主义观点的形式：它认为关于正义的事实是关于“通过某种特定程序会得出什么原则”的事实。虽然罗尔斯的原初状态已经有了很明确的定义，但他的建构主义程序的实施需要对“处于这个状态中的个体有理由选择什么样的正义原则”进行判断。这个理论仍然是建构主义的，因为这里的判断不是关于“什么是正义的或非正义的（或道德上的对错）”的判断，而是关于个体的实践合理性的判断——在知识有限的条件（即“无知之幕”）下，那些只想尽力为自己谋取利益的人会有理由做出什么样的选择。罗尔斯对正义的建构主义解释，最终是基于一种反思平衡论证。他认为这种解释适合我们关于“什么是对正义的深思熟虑的判断”的反思，并为这些判断提供了令人满意的说明。

正义原则会通过罗尔斯所描述的那种程序被挑选出来。这一事实让我们有理由重视这些原则，因为这表明它们得到了不偏不倚的辩护，从而符合了正义原则被期望扮演的角色。不过这只是一种片面的解释，因为人们总是会问，我们为什么要关心这种不偏不倚的辩护。我认为，答案是通过对两类特征进行比较而得出的：前者是“我们与我们的公民同胞在以这种方式得到辩护的原则下进行合作时彼此的关系特征”，后者是“当我们的制度不能以这种方式得到辩护时这些关系的特征”。这一方法的吸引力有多大，当然可以进一步讨论。（任何辩护总得从某处出发。）但是，由于罗尔斯关于正义内容的建构主义理论与关于正义的基本原理相联系，因此，它所提供的不仅仅是一个由规定“正义要求什么”的一般性原则所构成的解释。

34　见《正义论》，第三章。

这种建构主义理论也解释了正义论断的客观性，即正义论断的对 93
错是“独立于我们的”。为了评估这种理论，我们应该首先考虑理解“独立”这一概念的各种构成方式。

第一种观点认为，如果我们（至少是以个体的形式）对一个主题的判断有可能出错的话，这个主题就是“独立于我们的”，关于它的判断就是客观的。我把这种形式的客观性称为**独立于判断的**（*judgment-independence*）。我相信算术和集合论的真理在这个意义上是客观的。我相信这是因为有很多思考这些问题的方式，任何了解这个主题的人都可以参与其中，而且这些方式看起来可以清楚地得出某些结论。这些“思考方式”不一定是算法，尽管在算术的情形中它们有时是算法。更多非正式的方法也能满足这个要求，例如那些我们用来说服自己相信许多集合论公理的方法。我们认为有关一个主题的判断是独立于判断的，其依据不仅在于**实际上**达成了共识，还在于不同的能胜任的判断者的判断相一致的趋势，以及我们自己的判断的稳定性。例如，重要的是，我们在对这个主题的思考时会发现错误，当我们发现某个结论是一个错误时，这个结论通常是稳定的——我们一般不会再反过来。

我认为关于行动理由的事实也是独立于判断的。然而，重要的是要区分这一主张中的两个不同的要素。第一个是，我判断某事是一个理由，这并不能使它成为一个理由。我的判断是否有这种影响，这是个一阶规范性问题，看起来答案显然是：没有。[35]但规范论断（包括这个论断）是否有确定的真值，则是进一步的问题。这是关于确定性的问题，对规范领域的一般性解释有助于回答它。

独立于判断是一个重要的属性，但它是一种相当弱的客观性。从
这个意义上讲，即使是根据虚构的游戏得出的关于事物真实性的判断 94

35　这是吉伯德和布莱克本等表达主义者赞同的观点。见吉伯德,《思考怎样生活》，第 186 页，以及布莱克本,《错误与价值现象学》，第 153 页。

也可以是客观的，就如同关于“某些社会规范允许什么”的判断可以是客观的。[36]但是，这些事物并不是在第二种更强烈的意义上（亦即在我们讨论客观性时经常想到的那种意义上）“独立于我们”的。

如果一些判断是独立于判断的，不仅如此，评估这些判断的标准也不依赖于我们（在集体意义上）已经做了什么、选择了什么或采纳了什么，假使我们做了别的、选择了别的、采纳了别的，那些标准也并不会因此而改变，那么，这个主题就是更加独立于我们的，关于它的判断也是更加客观的。我把这称为**独立于选择的**（*choice-independence*）。关于“在一个虚构的游戏**之中什么是真的**”的判断，或者关于“社会规范所要求的是什么”的判断，可以既是独立于判断的又是独立于选择的。不管我们玩不玩象棋，象棋的走法都要么是合法的要么是不合法的。但是，如果一种判断需要预设我们是在玩一种游戏而不是另一种，或者是在进行一种社会活动而不是另一种——例如关于“谁赢了”或“谁是一家之主”的判断，那么，这种判断就是独立于判断的，但不是独立于选择的。

许多数学判断，如数论命题和算术命题，在这两种意义上似乎都是客观的。集合论的许多公理（如标准策梅洛－弗兰克公理）既是独立于判断的也是独立于选择的。但如果关于集合的“多元主义”被证明是正确的，那么就有更多并非独立于选择的集合论公理。这些公理让我们接受其推出的结论的理由是：这些**关于集合的**结论依赖于我们已经选择的那种发展出集合概念的特定方式。[37]

我相信许多关于行动理由的真理既是独立于判断的也是独立于选择的。有人不同意这一点。但即便理由真理在这两种意义上都“独立于我们”，它们也不都是在“**独立于我们所是的样子**”（*independent of*

36　这一概念是约翰·塞尔（John Searle）在《社会实在的建构》（*The Construction of Social Reality*）中提出的。

37　比如，费佛曼就认为事实如此。见他的《连续体的概念》（*Conceptions of the Continuum*）。

what we are like）这一更深层的意义上“独立于我们”。如果我的肉体不是软的，不容易被割伤，那么“一把刀是锋利的”就不是我不去碰它的理由；如果我喜欢不同的东西，那么我就有理由去做不同的事情。**混合的**（而非纯粹的）规范事实以这种方式依赖于关于我们的非规范事实，这不应令人感到困惑或惊讶。[38] 95

根据罗尔斯的建构主义理论，如果我们得出的“各方在原初状态中有理由选择的判断”和“关于从那些原则中推出的结论的判断”可以出错，那么从独立于判断的意义上说，关于正义的判断就是客观的。这似乎很有道理。对“处于原初状态的各方会有理由选择什么”的判断是一种规范判断。但与许多规范判断相比，对它们客观性的争议较少，因为它们只是**假设性的**（*hypothetical*）规范判断，即在**给定了**各方有理由达到特定目的和具有特定背景信息的情况下，关于他们会有理由做什么的判断。在这方面，这些判断就像对游戏或社会规范的判断一样，是独立于判断但不是独立于选择的。然而，就罗尔斯的建构主义理论的目的而言，这并不是一个缺陷。

如前所述，关于规范性主题的建构主义理论的吸引力在于它承诺给这个主题一个解释，这个解释支持了“关于该主题的判断有确定的真值”的观点，提供了一种找出这些真值的方法，提供或符合了对这种判断的实践意义的合理说明。根据罗尔斯的理论，正义判断的确定真值依赖于：如果“通过对特定原初状态的选择会得出一种原则”这一事实是我们“赋予这种原则以正义原则所声称的那种权威性”的理由，那么借助特定方式来定义原初状态就没有什么问题。“正义判断的确定真值的确给了我们这样做的理由”这一论断，是关于一个人在这种情况下应该做什么的“无条件的”规范论断，因此要比“在给定目的和可获得的信息的条件下，原初状态中的各方会有理由选择什么”

38　它们所依赖的是关于个体的事实，而不包括关于人类的一般事实。

这一“有条件的”论断更具争议。但即使在对无条件的规范判断的客观性有所顾虑的人看来，上述说法也不会削弱正义判断在建构主义理论中的**确定性**（*determinateness*），因为根据这一理论，正义判断的真值仅仅依赖于**有条件的**规范判断的真值。因此，我们持有的论点由两部分组成：一是关于正义判断的真值的解释，它只依赖于有条件的规范主张；二是关于这种判断的重要性的解释，它依赖于关于理由的无条件的主张，而这些主张的客观性可能更有争议。

96

如果能够构造出一个更大的反思平衡论证，足以表明通过对原初状态的某种定义而给出的那个正义理论能最好地符合我们对正义的所有考虑，那么我会说，由“正义判断的真值依赖于对定义原初状态的方式的选择”这一事实而产生的那种任意性将进一步减少甚至消除。（正是缺乏相应的论证，才导致了集合论上的“多元论”观点。）

在我所考虑的广义建构主义的意义上，我自己关于道德对错的契约论也可以算作一个建构主义学说（一种关于个体道德的建构主义学说）。[39] 根据这种理论，为了确定一种行动在道德上是否被允许，我们应该考虑一种会允许这种行动的一般性原则。然后我们考虑，在各种情况下，人们基于这一原则影响他们的方式会对它提出怎样的反对意见：一旦允许这样做，人们的生活方式将受到这些行动的后果的影响，也会受到大家去这样行动的可能性的影响。接下来，还是依据人们将如何受到这一原则的影响，我们将这些“个体对允许此类行动的原则予以反对”的理由与那些“个体对禁止此类行动的原则予以反对”的理由进行比较，并决定，那些有理由反对“允许此类行动的原则”的人对这一原则的拒斥（就其他人拒斥相反原则的理由而言）是否合理。如果对允许某种行动的任何原则的拒绝都是合理的，那么这种行动在道德上就是错误的。（一个行动的对错取决于这个程序的正确结果会是

39 见《我们彼此亏欠什么》，第四、第五章。

什么，无论是否有人执行了它。）

就像罗尔斯关于正义判断的建构主义理论一样，这个理论使得关 97
于道德对错的事实取决于“个人在特定情况下会有理由接受或拒绝哪些原则”这个事实。然后，该理论解释了对错判断的实践意义，其根据是：我们有理由关心那些不能以这种方式被拒绝的原则——具体来说，我们有理由关心我们的行动在这个意义上是否对他人正当。对这个关于道德对错的理论的接受依赖于一个反思平衡论证，这个论证为我们在这个主题上的深思熟虑的判断提供了最好的整体性解释，它包含了对“所有层次的一般性”判断，而不仅仅是对特定行动的对错的判断。

在这个理论中，对错判断将具有一种特定形式的客观性——可以是独立于判断的或是独立于选择的，“个人在特定情况下可以合理地拒绝什么”的判断就具有这两种形式的客观性。然而，与罗尔斯关于正义的建构主义理论不同，我的建构主义理论使道德判断的真值和客观性完全依赖于关于行动理由的规范判断。这些判断是关于在特定情况下的个人会有理由做什么，相比于其他东西，这些个人关心的是找到他人也能接受的那些原则。

现在要关心的问题是，能否有一个关于**这些**判断的建构主义说明，亦即对含有下述事实的一般性领域的建构主义说明：那些事实是关于“在不同情况下个人有更多理由想要拥有或避免的事情是什么”的。这种理论会包含一个程序以得出关于“某一特定考虑是不是某人在特定情况下以特定方式来行动的理由”的结论。基于之前提到过的理由，对这个程序中的各步骤的有效性的评估，不能涉及对哪些事情是（或不是）行动理由的独立判断。

如果关于行动理由的建构主义理论想要与关于正义和道德对错的建构主义理论相并列，那么，“从这一建构过程可以得出‘p 是某人在情况 c 做 a 的理由’的结论”这一事实，就应该有助于解释“p 就是这

98 样的理由”这一事实的实践意义。正义或道德对错的判断的实践意义在于，当这种判断是正确的时候，我们有**好的理由**让它来指导我们决定做什么。因此，在这些情况下，实践意义可以用理由来说明。但是，正如我在第一讲中所论证的，这种说明并不涉及行动理由判断。问我们有什么理由去做“我们有理由做的事”，这是毫无意义的。因此，要解释理由判断的实践意义，就必须采取其他方式。

最后，如果一个关于行动理由的建构主义理论要在反思平衡中得到支持，那么应该很明显的是：至少那些看起来最正确的理由判断可以通过这个理论所描述的程序而得出。

虽然我认为建构主义对正义和道德的解释有相当大的合理性，但我不认为可以用建构主义给出一个关于行动理由的可信的一般性说明。在这一讲的剩余部分，我将试着解释为什么。

提供这种观点的最著名的尝试就是康德的绝对命令程序。[40]康德的绝对命令是对准则的可接受性的一种检验，我将把它看作以某种方式把特定考虑当作行动理由的一般策略。如果一个准则可以被意愿当作一个普遍法则，或者与“将理性的本质（无论是人自己的还是其他理性存在者的）当成目的自身”相容，它就通过了绝对命令的检验。这通常被理解为对一个准则的道德可接受性的检验，以及对根据该准则行事的检验。如此理解，它就是过于局限的以至于无法提供对行动理由的一般说明，因为这种理论允许一个人去做一件如此这般地发生但他却没有理由去做的事情。在考斯嘉版本的康德理论中，行动者的实践身份（practical identities）这一概念填补了这一鸿沟。实践身份是“这样一种描述：在这种描述下，你为自己赋予价值，发现你的生活值得过，你的行动值得去做”。“实践身份的概念包括角色和关系、公民

40 见考斯嘉，《规范性的来源》；奥尼尔，《理性的建构》（O’Neill, *Constructions of Reason*）。

身份、种族或宗教团体的成员身份、事业、职业、专长和职务等。”[41]

总体的想法是这样的：既然我们认为自己是在行动，就必须把绝对命令看成是在约束我们的实践思考。因此，我们具有这样一些理由，它们是由绝对命令要求我们采纳的准则所刻画的。除此之外，我们有理由做我们拥有的更具体的实践身份所要求的那些事情，只要它们与绝对命令相一致。这个观点可以被看作建构主义的，因为它提供了一个能够确定某事物是某人理由的程序：如果拒绝认为它是理由会导致违反绝对命令，或者与这个人所采取的（和绝对命令相容的）实践身份不一致，那么它就是一个理由。理由判断的有效性源自这个程序，它被认为解释了其实践意义：理由判断的特殊的权威性基于蕴含在行动者自身意志中的一个事实，即理由判断是从行动者做出的选择中产生出来的，或者是从“只要行动者把自己视为在行动就必须认可的那种身份”中产生出来的。 99

根据这种学说，理由判断是“独立于判断的”：一个人可能会在绝对命令或其实践身份所要求的事情上出错。那些出自绝对命令自身的理由判断同时也是“独立于选择的”，但出自行动者所选择的实践身份的理由则不是如此。无论这是一种解释上的缺陷还是优势，都是由我们在整体性理由判断中寻求反思平衡的过程所决定的。一个人的某些理由取决于他或她之前所做的选择，这是很有道理的。问题是它何时是真的，以及这种依赖性如何得到最好的解释。[42]

我看不出这样一种对理由的建构主义解释如何可以成功。每个人有不同理由，这取决于他们所采取的目的和实践身份，这看起来的确

---

41 考斯嘉，《自我构成：能动性、身份和完整性》（*Self-Constitution: Agency, Identity, and Integrity*），第 20 页。

42 我在《理由：令人费解的二元性》（*Reasons: A Puzzling Duality?*）和《结构性的非理性》（*Structural Irrationality*）中讨论了这个问题。亦见尼科·科洛德尼，《作为理由的目的》（Niko Kolodny，*Aims as Reasons*）。

是真的，但这些理由又取决于他们首先有好的理由采纳这些目的或身份而非修改或拒绝它们。正如考斯嘉所说，我们需要有“一种方式来告诉自己，有些目的是有理由的，而且是有好的理由”。[43] 根据康德的
100 观点，这些“假言理由所依赖的无条件理由”必须“建立在自主性的基础上”，也就是绝对命令的基础上。[44] 但是，除了这一命令的几种形式作为道德法则所具有的最初的吸引力之外，我没有被任何对“只要我们认为自己是理性行动者，就必须把它们看作对我们的约束”的论证说服。[45] 如果没有这个基础，对“关于理由的独立的实质性真理”的诉求也被排除出去了，那么，这种建构主义程序似乎就会简化为：无论行动者采取何种目的，这本身都能产生出理由。那将会沦为一种毫无道理的自举说明（bootstrapping）。

如果康德对行动理由的建构主义解释不能令人满意，那么是否还有另一种更成功的建构主义理论呢？康德的理论的吸引力一部分不仅在于，它承诺提供一个理由判断的正确性标准，也在于承诺以一种能够解释理由判断的实践意义的方式给出这样的标准——通过把理由事实奠基在理性能动性的概念之上。所以一个问题是，是否可能存在一种不同的合理性概念可以扮演这个基础性角色。它必须是这样一个概念：其本身不涉及或不依赖于人们有什么理由的实质性断言，但却能产生出关于这种断言的结论。我自己也看不出这种概念会是什么样子。一些被称为合理性概念的东西是关于理由的一般性的实质论点，比如一个人有理由做符合其自身利益的事情。这些都不能解释理由事实的实践意义。我所知道的唯一非实质性的替代方案是布鲁姆等人所讨论的合理性的形式概念（the formal conception of rationality），根据这一

---

43 《工具理性的规范性》（*The Normativity of Instrumental Reason*），第 63 页。

44 《工具理性的规范性》，第 65 页。

45 更充分的讨论见我的《我何以不是康德主义者》（*How I am not a Kantian*）。

概念，合理性要求就是对一个人的各种实践态度之间的一致性要求。[46]这些要求对人们持有的理由没有实质性论断。所以上述理论都不能为理由论断提供一个地基。

6

然而，也有可能存在一种不那么雄心勃勃的理由建构主义解释。这样一种解释将保持描述理由领域的野心，以支持理由判断具有确定真值的观点。但它将放弃进一步解释理由论断的实践意义的目的，而 *101*
只是简单地停留在一个概念上：理由的规范性权威仅仅在于它是一个理由，而这不能通过任何方式被进一步解释。这一解释在志趣上类似于集合的迭代概念对集合的解释，也类似于理由的规范欲望理论所具有的明显优势（如果它是正确的话）。那么，是否存在这样一种更为有限的理由建构主义理论呢？

似乎有些理由的确依赖于其他理由。粗略地说，如果一个人有好的理由持有某个目的，那么他或她就有好的理由去做能实现它的事情；如果一个人有好的理由采纳某个价值或实践身份，那么他或她就有好的理由去做尊重这个价值的事情或者去过符合这个身份的生活。[47]我们日常生活中对行动理由的思考大多发生在这种结构中。我们认同这个假设：我们有理由去寻求某些经历和成就，有理由去寻求和保持某些关系。而我们对在特定情况下有理由做什么的思考，很大程度上是为了搞清楚从这个规范框架中产生出来（“建构出来”）的理由是什么。所以有人可能会说，理由的建构主义**在局部**是真的。

但是，这不能概括为对实践理由的整体性解释，因为我们对理由

46 比如，见布鲁姆，《理性在于正确回应理由吗？》。

47 究竟为何如此，这是一个复杂的问题。见拉兹，《工具理性的神话》（*The Myth of Instrumental Rationality*）；及科洛德尼，《作为理由的目的》。

的思考依赖于太多不同的出发点，而这些出发点不是由其他理由建构出来的。也许有人会说，出发点并不像我所说的那么多样化。例如，唯一非派生的理由是逃避痛苦和寻求快乐，所有其他理由都是以刚才所描述的方式从这些理由中建构出来的。这会具有一种好的结构，即一种整体的而不仅仅是局部的对实践理由的建构主义解释。但在我看来，这不是一个很有道理的建议，因为由快乐和痛苦提供的理由似乎不是唯一的非派生性理由。更一般地说，这类解释似乎不太可能成功，
102 因为行动理由领域中的非派生要素范围太广以至于无法用一个系统的整体说明来有效地解释。我对这个否定性结论没有进行任何论证，但在我看来，从对候选理论的考察和必须解释的理由的多样性来说，这是显而易见的。

那么我们如何才能知道那些可以作为理由的特定的非派生性真理呢？我自己的答案是，仅仅通过仔细思考在我们看来是理由的东西，思考哪些关于理由的一般性原则可以解释它们，这些原则蕴含着什么，这些蕴含的合理性何在，我们就能知道那些非派生理由。例如，假设在我看来某人有理由做 a，因为他或她会觉得很愉快。但是，快乐并不总是构成一个理由，例如，在他人的痛苦中获得的快乐就不是理由。所以我们需要问，这种特定的快乐包含了什么态度，它们是一个人有理由持有的态度，还是在特定情况下持有的理由。

我们可以把这一过程描述为，把“某人特定的理由判断”和“某人关于‘一个东西何时是理由’的一般性原则”纳入反思平衡的过程。在我看来这大致是正确的，尽管在这种情况下，特定的判断和解释它们的一般性原则之间的区别并不明显。我刚才描述的过程，是对条件 c（在该条件下事实 p 是一个理由）获得更清楚的理解的过程。因此，这是一个“澄清我们实际上接受的特定判断是什么”的问题，而不是“寻找一个单独的原则来解释这个判断”的问题。

我认为一旦注意到这一点就会发现，这种仔细的反思过程是我们

能够得出行动理由结论的唯一途径。如果在实践判断中寻求反思平衡的过程是弄清楚我们有什么理由的唯一途径，那么这个过程本身是否可以被看作对理由领域的建构主义解释呢？比如，斯特里特（Sharon Street）提出了一种建构主义观点，认为关于R（*p*，*x*，*c*，*a*）的判断的真值，是“这一判断是否属于反思平衡中对*x*的那些评价性判断”的一个“函数”。[48]

关于这个理论有几个问题要说。首先，以下说法是没有道理的： *103*
如果“*p*是*x*做*a*的一个理由”这一判断是*x*在反思平衡中得到的评价性信念之一，那么“*p*是*x*做*a*的一个理由，**且，*x*执行了达成这个平衡的程序**”。[49]达成平衡的方法有很多。正如我前面指出的，一个判断通过反思平衡而获得的规范性地位，取决于在达到反思平衡的过程中做出的决定的质量。这些决定包括：在过程的起点上哪些判断被算作深思熟虑的判断而纳入进来，以及在发生冲突的情况下修正哪些判断。所以我们最多只能说，如果“*p*是*x*做*a*的理由”这个判断是*x*在反思平衡中得到的评价性判断之一，且在达到该平衡时*x*所做的那些判断是正确的，那么，*p*是*x*做*a*的一个理由。不过这样理解的话，上述说法就不是一种对理由的建构主义解释，因为执行这一过程的步骤会包含对“什么是（或不是）理由”的判断。

然而，抛开“建构主义”这个标签的适用性，下面的说法依然是正确的：“理由真理就是在用正确方式寻求反思平衡的过程中达成的理由判断”这一主张，其本身完全不是在说明实践理由的**主题**。在决定一个主张是否属于一个人的深思熟虑的判断的时候，或在决定当判断

48 斯特里特，《价值实在论的达尔文主义困境》（*A Darwinian Dilemma for Realist Theories of Value*），第110页。（我将斯特里特所用的符号改成了我用过的。）

49 尽管实际上这可能是斯特里特的观点。见她的《为未来周二的冷漠辩护：理想一致性怪癖和重要之事的偶然性》（*In Defense of Future Tuesday Indifference: Ideally Coherent Eccentrics and the Contingency of What Matters*）。

与原则冲突时是否修改判断或废除原则的时候，要问的问题不是“这会是我在达成反思平衡时将会得出的判断吗？”，而是“这是一个正确的判断吗？”。因此，某人关于一个主题的信念寻求反思平衡的过程，并不是对关于该主题的事实的特征描述，而是在不同普遍性程度上得出关于该主题的结论的一种方法。

对于“理由陈述是否有独立于我们的真值”这个问题，上述说法意味着什么呢？在集合论中我说过，可以通过对集合领域进行实质的整体性解释来提供这种真值上的保证，而那个整体性解释本身就得到
104 了反思平衡论证的支持。关于这类解释我举了两个例子（都不成功），并认为，虽然我们目前没有这样的解释，但有可能会找到一个。另一方面，就实践理由而言，我认为这种整体性解释是不太可能的。我们关于不同领域的理由具有一些“局部”推理，这些理由依赖于不同的规范起点，这些起点本身又由一种寻求反思平衡的过程所支撑，并且在许多情况下需要借助这个过程被不断地重新解释。我们对“理由陈述具有确定真值”这一主张的相信，依赖于我们对在特定情形中运用反思平衡程序得到的结果是有信心的，而不是依赖于诸如规范欲望理论或全局建构主义理论所提供的那种对理由的一般性解释。

这反映了这样一个事实，即实践理由领域并不像集合领域那样是一个统一的主题。我们应该期望集合领域的内容是由刻画了该领域的整体性原则所决定的。这并不表示应该对我们得出的有关行动理由的特定结论缺乏信心，而只是说，我们的（通常是得到辩护的）信心是对这些特定结论的信心，而不是对“所有关于理由的问题都有确定答案（无论我们得到了没有）”的一般信心。

第五讲　理由及其强度

1

我在第一讲中列出的关于理由的问题中包括了以下两个：

（1）**强度**：理由有强度上的不同。比如说，转方向盘以避免撞上行人的理由，就要比欣赏美妙音乐的理由更强。什么是强度？如何确定不同理由的强度？

（2）**可择性**：一些理由看上去是"可择的"。仅仅是因为我们选择了这些理由就可以据之行动，这是说得通的；还有一些理由是规范地决定性的，即不据之行动是说不通的。这一区别应当如何理解？

在这最后一讲中，我将根据我提出的"理由的相关性观点"来回答这些问题。我已经讨论了最弱的规范关系 R（*p*，*x*，*c*，*a*），将其理解为一个关于"在情况 *c* 中行动者 *x* 将 *p* 算作支持做 *a* 的理由"的最小观点。对于 *p* 是不是一个决定性理由（即能回答"是否去做 *a*"），甚至 *p* 是不是此情况下的一个充分理由（即能回答"在这些条件下因理由 *p* 去做 *a* 是不是有理由的"），这一观点完全是开放性的。"R（*p*，*x*，*c*，*a*）成立"的主张仅仅意味着，在那些情况下考虑要做什么时，将"把 *p* 当作支持做 *a* 的"纳入考虑是合适的。

"R（*p*，*x*，*c*，*a*）成立"的主张的确蕴涵了关于"在情况 *c* 中其他考虑的规范效力”的主张，即“那些考虑不会削弱 p 作为做 a 的理由”这一主张。如果 R（p，x，c，a）不成立而 R（p，x，c'，a）成立——在后者中，c' 与 c 在规范性意义上尽可能相似，且 p 成立而 q 不成立——那么，“q 在情况 c 中成立”这一考虑就会**削弱** p 作为在 c
106 中做 a 的理由效力。要超越“削弱”的观念去把握“一个考虑是比另一个考虑更强的理由”的观念以及理由的可择性的观念，我们就需要考虑一个比 R 更强的规范关系。

作为第一步，考虑关系 SR（p，x，c，a），这一关系仅当 p 是在情况 c 中做 a 的充分理由时成立。当它成立时，无论有没有其他在情况 c 中算作支持做 a 的考虑，出于理由 p 而做 a 的人都可以免于因将 p 作为做 a 的充分理由而受到合理批评。[1] 然而，即便 SR（p，x，c，a）为真，下述论断也仍是真的：如果一个人没能意识到它，他就不会因为没有做 a 而受到合理的批评。所以，在 c 中出于 p 做 a 仍是可择的。

不过，对于这种可择性概念，还存在着一种可能性：一个人在情况 c 下知道 p 是事实而没有对此做出回应，即把 p 当成做 a 的理由，却不会受到合理的批评。这种可能性只是因为，存在着一个“逆向平衡”要素 q，在情况 c 下有 SR（q，x，c，b），其中 b 是一个与 a 不相容的行动。

我在这一讲开头提到的那种理由的可择性（比如收听音乐广播的快乐），似乎是一种较强意义上的可择性。对我来说，出于这个理由去听音乐是说得通的。但即便我知道这一点，也没有必要为了免于受到“没打开收音机”的合理批评，而持有一个让自己不打开收音机的对立理由。不过，要是广播里是我朋友的演出，可能就是另一回事了。

---

1 如果行动者没能意识到自己还有做 a 的**其他**理由，那么她可能仍然会受到合理批评。比如说，她可能正确地发现一个利己的理由 p 是做 a 的充分理由，但没能发现存在一个对不做 a 的道德反对，是同等强度上支持她做 a 的理由。感谢沃霍夫（Alex Voorhoeve）提醒我注意这个问题。

许多理由都在这个更强的意义上是可择的，这一点没什么神秘。在任何时候，都有好多事情是我会有充分理由去做的，而我并不需要为不去回应每一件事甚至我想到的每一个理由都找一个对立理由，才能使自己免于受到合理的批评。但是如果一个人在特定情况中具有的每一个理由都具有某种规范效力，如果合理行动就是做这些规范效力的决断所支持的事情，那么上述情况就不可能成立了。如果是这种情况，那么理由在我提到的较弱的意义上仍然是“可择的”：如果两个 *107* 理由支持两个不相容的行动且具有同等效力，那么做其中任何一个理由所支持的行动都是合理的。但在我现在考虑的更强的意义上，就不存在任何可择的理由了。如果一个考虑使得在特定情况下采取行动成为说得通的，那么根据刚才描述的观点，不据之行动就是说不通的，除非存在对立理由支持其他行动。

在我看来，这种合理决策的模式是错误的。在没有对立理由的情况下，理由可以使一个行动合理地被允许，而非合理地被要求。合理性不仅包括识别和评估一个人的理由，还包括从那些他有充足理由去做的事情中选择行动方向。[2]因此，某些理由（例如我打开收音机听音乐的理由）可以在更强烈的意义上是可择的，这似乎是可能的。不过，把这些称为可择的理由会有些误导。理由本身不是可择的：一个考虑在某种情况下要么是一个理由，要么不是。可择的东西是出于特定理由而做出的行动。[3]

到目前为止，我讨论了关于特定考虑的规范地位的问题，如在某些情况下，某个考虑是不是在特定情况下做出一个行动的充分理由，以及出于它的行动是不是可择的。下面这种做法是合适的：当我们讨

2 在这一点上我同意拉兹所谓的“理性能动性的经典模式”。见约瑟夫·拉兹，《不可通约性和能动性》第 47—49 页。

3 我认为拉兹的观点与此类似。他说，“这些（理由）本身并不是可择的，但在这种情况下它们是可择的。它们使各种选项具有吸引力，使对它们的选择变得可以理解，但它们并不使不选择它们成为不合理的或错误的”[《运用理性》(*Engaging Reason*)，第 103 页]。

论关系 R 时（讨论一个考虑是否算作在某一情况下以某种方式支持某一行动），我们以某种方式聚焦于一个特定考虑 p，即把它与包含在背景条件 c 中的有意义的规范考虑区分开来。但当我们转向更强的规范关系如 SR（p，x，c，a）时，问题就不再是“某个给定的考虑 p 是不是某一行动的充分理由”，而仅仅是“在那些情况中行动者是否**有充分理由**（或者甚至是决定性理由）以那种方式行动”。即使在某个情况下不存在一个“（在我之前定义的那种狭义上）就其本身而言就是做 a 108 的充分理由”的考虑 p（对于任何这样的考虑 p 而言，无论在某情况中是否存在可算作支持 a 的其他考虑，一个人出于该理由 p 而做 a 都不会受到合理的批评），行动者在这个情况下也可能具有充分理由去做 a。

但我们有时确实会问，某个理由在这个意义上是否充分。例如，我们可能会问“我发现做这件事情很有趣”是不是我在给定情况下这样做的充分理由；或者更强一点，会问“我承诺了做某事”是不是我在特定情况下做这件事的决定性理由。因此，我将继续以这种狭义的方式来理解关系 SR（p，x，c，a）：只要 p 本身是做 a 的充分理由，无论还有没有其他支持做 a 的理由，上述关系对于在情况 c 中做 a 都是成立的。我将以类似的方式来理解关系 CR（p，x，c，a）：当 p 是在 c 中做 a 的决定性理由时，这一关系成立。采用对 SR 的这种理解，我们可以将“胜过关系”（relation of outweighing）定义如下：

> 对于考虑 q 和 p 而言，如果 R（p，x，c，a）和 R（q，x，c，b）都成立（其中 b 是一个与 a 不相容的行动方向），且 SR（q，x，c，b）成立而 SR（p，x，c，a）不成立，但是 SR（p，x，c'，a）成立（c' 是这样一类情况：c' 与 c 在规范性意义上尽可能相似除了 q 在其中不成立），那么 q 胜过 p。

当 q 在这个意义上胜过 p 时，自然就可以说 q 是比 p 更强的理由。然而，这并没有抓住所有在直觉上可能表示理由强度的东西。例如，它不包括关于“对同一行动的两个理由考虑的相对强度”的主张。例如，我不去参加聚会将让举办聚会的朋友受到伤害，相比于食物好吃而言，这也许是我参加聚会的一个更强的理由。我们也许可以说，下述事实反映了理由强度的观念：如果我的朋友会因为我的缺席而受到伤害，那么食物的质量并不能成为我参加聚会的充分理由。更一般地说，相对强度可以被这样描述：如果考虑 r 是做 b（和 a 不相容）的理由，并且 r 胜过 q 但不胜过 p，那么在情况 c 中 p 就是比 q 更强的支持做 a 的理由。[4] 然而，这种反事实解释似乎是间接的，并没有抓住强度的完整的直观概念。我将回到这个问题上来。

对这一定义的另一个反驳是，它似乎没能抓住理由强度和胜过关 *109*
系之间的优先级。这种反驳认为，它没有反映“一个考虑胜过另一个，是**因为**前者是一个更强的理由”这一事实，也没有反映“我们通过比较相竞争的考虑之间的强度，而得知哪个考虑是一个行动的充分理由”这一事实。

“强度是个人理由的独立的属性”这个想法可以这样表达：将基本的规范关系看作一个五元关系——“对处于情况 c 中的行动者 x 而言，事实 p 是一个具有强度 s 的做 a 的理由”。有人认为这些强度解释了胜过关系，也解释了关于“理由何时是充分的或决定性的”的结论。问题是如何理解这种强度的概念。

认为理由其自身具有这样一种强度属性的观点，可以从对行动理由的某些实质性解释中获得其合理性。例如，考虑一个基于欲望的理由理论：只有在做 a 能满足行动者的某种欲望时，他或她才有理由做 a。这种观点会认为，理由强度与它背后的欲望的动机强度是相对应

4 格特提出了一种与此同类的反事实的强度标准。见《规范强度与理由平衡》（*Normative Strength and the Balance of Reasons*），第 538 页。

的。[5]根据行动者欲望的相关事实，该理论为所有理由指派了强度等级，包括同一行动的不同理由和不同行动的相互竞争的理由。欲望理论的另一个版本是基于效用的：行动者有理由做促进其偏好的满足的事情，对行动理由的考虑的强度就在于，该考虑要求的行动所导致的行动者效用（或预期效用）的增加。

通过类似的方式，享乐主义理论也可能解释理由强度：行动理由最终是由这些行动所产生的快乐和痛苦之间的平衡所给出的，对行动理由的考虑的强度在于，该考虑要求的行动所产生的快乐与痛苦之间
110 的平衡。其他目的论解释把理由的规范效力归之于（不同于快乐的）其他善的产物，它们也有着同样的结构。

这些理论对理由及其强度提供的解释，或许可以称为“原子主义解释”。他们用某些东西的数量（比如动机效力、苦乐或其他善的增量）来解释理由的规范效力。[6]在我看来，这些观点都没有道理。正如我在之前所解释的，我并不认为行动者总是有理由去做那些能够满足他们欲望或偏好的事情。的确，在某些情况下，我在各种选项中做出选择的理由是由我对它们喜好的程度决定的。在另一些情况中，理由的强度似乎与某些东西的数量有关。例如，在某些时候，我在某些行动方向中做出选择的理由可能在某种程度上由金钱的数量决定（比如，不同卖家对相同商品收费不同，或做相同工作的报酬不同）。但这些都是特殊情况。

如果将这些例子普遍化并做出假设，即使拒绝欲望理论和享乐主

5 在我看来，这不是欲望理论的一个非常有道理的版本。反对它的论证见马克·施罗德，《激情的奴隶》，第97—102页、第123—144页。虽然施罗德为欲望理论辩护，但反对这个他称为“比例主义”（proportionalism）的版本。

6 丹西在类似的意义上使用了“原子主义”（atomism）这个术语来表示这样一种观点，即理由考虑的规范效力是一种属性，它在任何语境中都带有这种属性。见《无原则的伦理学》，第7页、第49—95页。他还认为原子主义的吸引力来自欲望理由论。见《无原则的伦理学》，第75页。

义理论，还是必然会有某种性质，其数量决定了行动理由的强度，那么这样的普遍化和假设是错误的。考虑到可以提供理由的自然属性的异质性，假设存在某种自然属性，其数量决定了所有理由的相对强度，这是毫无道理的。有人可能会说，即使没有这样的自然属性，也有一个规范属性起着这样的作用。例如，可能有这样一种观点：行动理由是由该行动会产生的价值数量所提供的，不同行动会产生的不同价值数量解释了相应理由的相对强度。

这种观点可能听起来很有道理，但应该加以驳斥。[7] 并不是所有行动理由都来自这些行动所产生的事态的价值。例如，我有很好的理由花时间学习音乐，尽管我业余努力的结果很难被认为是有价值的。可 111
以说，这些理由是由我从这项活动中获得的满足和享受所提供的。但如果我认为音乐不值得学习，我就不会享受它，或者不会觉得结果令人满意。如果这个信念是错误的，那么我所获得的任何快乐所提供的理由都将遭到破坏。这说明了一个更大的问题，并不是所有的价值都能通过能够促进有价值的东西的那些理由而得到令人信服的理解。音乐或物理之所以有价值，部分的根据在于它们就是我们有充足理由去研究的东西，即使这样做是乏味或困难的。同样地，把我和朋友的关系看作有价值的，除了别的因素以外，还包括把我自己看作有决定性的理由去帮助他，即使有时候这涉及一些牺牲。[8]

7　我在《我们彼此亏欠什么》第二章论证了这一点。

8　这些例子说明了格特所说的辩护性力量（justifying strength）和要求性力量（requiring strength）之间的区别。（见《原初的合理性：规范性与人类行动》，第 66—68 页。）我学习音乐的理由有辩护性力量（这使我有充分的理由去做这件事），而我帮助朋友的理由有要求性力量（这使我理性地要求自己去帮助他）。我同意格特把力量 / 强度作为一个基本的比较概念，我也同意他所提到的案例之间是有区别的。但我认为这并不意味着，在“将一个考虑算作支持行动的”这件事上存在着不同的方式。这些例子只是说明，可以用规范关系做出两种不同的理由论断。我学音乐的理由（至少在很多情况下）是一个充分理由，相比之下，我被“理性地要求”帮助朋友的含义则在于，在做 a 会帮助朋友的情况下，大多数考虑 q 都不会是不帮助他的充分理由。

这些例子也表明，要将 SR 关系和 CR 关系理解为持有特定理由 p 的情况，而不仅仅是当行动者对某个行动“有充分（或决定性）理由”时才成立的情况。为了表达各种价值的内容，我们需要把某些特定的考虑当作（或不当作）在其他对立理由出现时采取行动的充分理由。

我得出的结论是，不存在这样一把非规范性或规范性的钥匙——可以作为那种涉及诸如 SR 关系和 CR 关系时进行比较判断的基础，凭借这把钥匙，理由强度可以仅通过考虑自身而无须与其他理由相比较就能够被表达出来。理由的强度在本质上是一个比较概念，只有在与其他特定理由的关系中才能得到理解。

因此，我对强度的解释是自上而下的，而不是原子主义的。它
112 主张只要存在关于理由的相对强度的事实，这些事实就能被诸如 SR 和 CR 这样的规范关系完全把握。这些规范关系表达了某种一般性原则——关于“在决定要做什么以及为行动进行辩护时的那些考虑”的恰当角色是什么。至于强度从根本上讲是不是一种胜过关系，或者我们是否能够对非竞争性理由（它不基于胜过其他考虑的能力）的相对强度做出判断，这是一个更深层的问题。我相信答案是“是”，并且我相信我之前对同一个行动的理由强度所做的反事实解释，因此并不是在一种会招致反对的“间接”意义上的。它抓住了这种“比较”具有的所有潜在意义：比如注意到，对相互竞争的行动方向的那些考虑，在理由的意义上可能胜出的不同方式。如果不考虑这些潜在冲突，理由强度的概念对我们来说就没有任何意义。

在一个重要方面，这种自上而下的观点类似于康德观点。接受 SR（p，x，c，a）就是康德所说的采用一个准则，就是将 p 当作在情形 c 下做 a 的充分理由。在我看来，关于“将准则视为实践推理的基本要素”这一点，康德是正确的，尽管我们在如何解释这些准则上有分歧。我把准则理解为对理由相对强度的判断。鉴于我在第三讲讨论表达主义时所谈及的理由，我认为一个判断 SR（p，x，c，a）的内容不能简

单地被等同为，一个人在情形 c 下决定要做什么时对 p 给予优先考虑的方针。这无法解释 SR（p，x，c，a）在不同于个人决策的其他语境中（例如在向他人辩护自己的行动或向他人提供建议时）所具有的事实的重要性。

但是，我和康德最明显的不同体现在“应该如何决定采用哪一个准则”或者“应该如何决定到底是 SR（p，x，c，a）的情况还是 CR（p，x，c，a）的情况”的问题上。按照我对康德的解读，在绝对命令的约束下，一个人依据他或她的倾向才能（正确地）决定采取哪些准则。我不认同康德对“绝对命令是实践推理的基本原则”的论证，我也不想说，理由强度一般是由行动者欲望的强度或任何其他原子主义解释所决定的。所以，我需要再多说一下我们是如何得出关于理由强度的结论的。对于这个问题，我没有一个一般性的答案，但我将描述 113
几种得出关于强度的结论的方法，亦即哪些考虑胜过了其他考虑而成为在我看来是有效的行动理由。

2

首先考虑我称为**定量**（*quantitative*）的情况，在这种情况下，从表面上看原子主义的观点似乎是最有道理的。如果两个经销商销售的是同款汽车，保修期也一样，但是经销商 A 提供的价格比 B 低，那么这一事实就为他从 A 而非 B 那里买车提供了一个更强的理由。但是这个结论依赖某些假设：价格是两个经销商的唯一相关的差异，且价格上的差异是重要的。一旦这些假设成立，就会得到一个规范性结论，即我会因为从经销商 B 那里买车花了冤枉钱而受到合理的批评。

上述两个规范性假设不具有可比性，更别说是定量的了。主张钱的差异是重要的，只是在主张它提供了一个从经销商 A 那里买车的理由，除非有一些理由不支持这样做（即主张这个理由在上述更强的意义上是不可择的)。对于该理由将如何与可能有竞争的理由相比较,它并没有说出任何东西。所以,"量"的比较只发生在非规范层面上。

从这个角度看,买车的例子也属于更广泛的一类主流情形的一个实例,这些主流情形不一定是定量的。假设我的朋友需要帮助,而C和D这两个行动方向中的任何一个都会在相同程度上提供所需的帮助。然而,做C会使我的名字出现在报纸上,从而会帮助我的事业和政治生涯。如果没有其他的理由与C和D之间的选择相关,且如果使我的名字出现在报纸上的好处在此语境下提供了一个重要的(即不可择的)理由,那么看起来我有更强的理由做C(即我将会因忽视了这个理由去做D而受到合理批评)。同样,这似乎是一种得出关于相对强度的结论的方法,但它没有做任何看似在比较特定理由的"权重"的事情。(我稍后会质疑这个推理所依赖的其中一个规范性前提)。

114 第三类得出关于理由的相对强度的结论的方法,我称为**多层次**(*multilevel*)情形。所有这类情形都涉及"在某些种类的特定情形中给予一些理由以高于其他理由的优先性"的一般性策略,这些策略是通过**持有**它们的理由得到辩护的,而不是通过对特定情形中的重要因素所提供的理由进行比较而得到辩护的。有时对这些策略的辩护是工具性的。一个人为了通过节食减肥,或者通过锻炼变得更健康,他需要有一个一般性策略来给予合理饮食或锻炼计划更大的权重,而不是(至少大多数时候不是)对"为偏离这个计划提供理由的快乐或便利等考虑"赋予更大权重。这涉及接受以SR和CR形式出现的一般性判断。尽管这些一般性判断不是基于对那些特定选项所提供的理由的比较,但它们的确依赖于对一个可比性质的背景判断:减肥或健康的益处值得牺牲掉快乐和舒适。我并不是说我们从来不会对理由的强度做出比较判断。恰恰相反,我的观点是,我们以各种不同的方式做出这样的比较判断,但将这些方式描述为对潜在考虑的独立强度进行"衡量",

并没有什么帮助。[9]

在多层次情形中，对比较判断的辩护并不总是工具性的。在我刚才给出的主流推理的例子中有一个比较判断：一个人有决定性理由去帮助他的朋友，即使要付出一些个人代价，这是身为朋友所要求的判断。这并不是说，一个人接受这个判断是为了让他自己成为一个好朋友，就像在饮食和锻炼的情形中，一个人遵循这个策略是为了让他的体重减轻或身体更健康那样。这里的观点是，作为诸要素之一，身为一个好朋友本身就包含着接纳某种特定的理由观点。例如，如果一个人不以这种方式优先考虑朋友的需要，那么他就不会是一个好朋友。在我前面提到的例子中，也会有这种可能：一个好朋友在决定如何帮助他朋友的时候，并不会把“什么是对他自己的事业最有利的”作为考虑方式。[10]

当然，一个进一步的问题是一个人是否确实有充分理由成为朋友。 *115*
（这就是为什么它是一个多层次的情形。）即使一个人不是身为朋友去寻求“帮助对方会给自己带来的好处”，至少“友谊的责任不提供决定性的理由反对他去那么做”这一点必须是真的。在另一些相反的情形中，友谊的责任提供了决定性的理由，允许一个人生活的方方面面都要受到另一个人的支配。

道德理由经常被看作具有特殊强度的理由的例子，这在多层次关系模型中是最容易理解的。具体的道德原则，如要求忠于承诺或禁止伤害他人的道德原则，是关于“特定考虑为某些情况下支持（或反对）某些行动提供了决定性理由”的判断。作为有德之人就包含了持有这些判断，就像作为朋友就包含了将自己视为具有特定理由在朋友需要

9　因此解释了我的观点如何不同于博克所说的“一般化衡量模型”（the generalized weighing model）。见博克，《特殊理由》（*Particular Reasons*）。

10　这些都是通过自上而下的（在本例中是多层次的）方式得出关于关系 R（关于那些考虑确实是理由）的结论的好例子。

时为他提供帮助。还有一个更进一步的问题：一个人有什么理由持有这些判断并试图按照它们生活，换言之，一个人有什么理由认真对待道德。我认为这个问题的最佳答案在于这样一个事实：人们应当有理由想要与其他众多理性存在者处于这样一种关系，其中，他有责任向他们证明自己的行动是合理的。为了在道德原则所涉及的各种理由中捍卫那些优先的判断，我们必须论证，就像在友谊的例子中一样，接受这些判断所背负的责任并没有大到让持有它们成为不合理的。[11]

3

我对一般性原则（道德原则以及其他关于理由和理由优先性的原则）的强调提出了一个问题，即我的观点与特殊主义是什么关系，毕竟后者否认存在任何普遍的实践原则。[12]我说过，诸如 R（p，x，c，a）、SR（p，x，c，a）及 CR（p，x，c，a）等关系的陈述表达了一般性的实践原则，因为它们断言在任何 c 类情况下，p 都是做 a 的一个理由、充分理由或决定性理由。这似乎意味着我所支持的观点与特殊
116 主义不相容。另一方面，我也阐明了“理由及其强度取决于情境”这一事实，看上去我的观点又认可了特殊主义者的一个基本主张。

特殊主义认为，某个考虑是支持还是反对某个行动理由，以及该理由具有的强度，都取决于行动者所处的特定情况。[13]这看上去显然是正确的。x 的桌下有一枚炸弹，除非他或她现在离开房间，否则就会被炸死。这一事实在大多数情况下是 x 现在离开房间的充分理由甚至

11　我在《我们彼此亏欠什么》第 160—168 页对这一主张做了辩护。

12　特殊主义常被认为是一种关于道德原则的观点，但我认为，丹西等特殊主义者也会对更一般的实践原则发表同样的看法。我相信我在这里所要说的东西将延伸到道德原则的情形中。

13　这就是丹西所称的整体论。见《无原则的伦理学》，第 73 页。

决定性理由。但如果 x 是抵抗组织的一员，她知道自己即将被敌军抓获并折磨，她可能招架不住而把同伙供出来，那么，上面的事实就成了她**不**离开房间的充分理由。[14]

给出理由的考虑随着情况的变化而变化，这一事实并不意味着不存在有效的、有意义的实践原则。特殊主义者有时说，他们否认的是，有效且有意义的实践原则是可穷举的。也就是说，无论对情况做出何种有限数量的规定以使得一些考虑成为某一行动的理由或充分理由，我们总能找到进一步的要素使得它一旦成立就会削弱这个理由或改变其强度。

我们可以通过结合情况 c 和条件"行动者有很好的理由想要继续生活"，来试图确定一个一般性原则以涵盖上述炸弹例子。但这还不够。即使 x 有好的理由想要继续生活下去，他或她也可能有很强的理由不离开那个房间。例如，x 可能是一个老师，他或她在房间里待的时间越长，就可以帮助班上越多的孩子逃生。所以需要加上一个条件：x 没有充分理由留在房间里。

将这些条件明确化会削弱这一原则。最后一个条件（x 没有充分理由留在房间里）似乎让一个起初看起来有意义的原则（x 有决定性理由离开房间）变成微不足道的：如果 x 没有充分理由留在房间，炸弹的存在就是 x 离开房间的决定性理由。

加强这一原则的一个办法是以非规范性词项重述这些条件。我们 117
不说"行动者有理由想要继续活下去"，而是可以指定出：行动者身体健康，不会以其他方式死亡，也不会遭受巨大的痛苦或折磨。无论这是否足够，用非规范性词项来阐明行动者没有好理由待在房间里的条件将会困难得多。能够充当这类理由的可能的义务或其他目的的范围太广，很难加以概括。

---

14 关于法国抵抗运动的电影《影子部队》（*Army of Shadows*）就是一个例子。

这就引出了涉及关系R的论断与涉及SR和CR的论断之间的区别。关于R（p，x，c，a）的有效论断可以通过使用有穷的非规范性词项来规定c从而得以表述。但是，由于关于充分理由或决定性理由的论断必须考虑到相互冲突的理由，而可能的相互冲突的理由的范围如此之广，以至于关于SR和CR的论断不太可能用有穷的非规范性词项表达出来。关于特定情形的判断的特别之处在于，在特定情形中，我们可以知道哪些因素能提供可能的相互冲突的理由，因此我们可以确定，通过一般性原则而包含在对c的规定中的那些规范性条件是否得到了满足。

如果一般性实践原则包括规范词项所规定的条件，从而对这些原则的“应用”就涉及对“我们有什么理由”做出判断，那么，我们为什么应该关注这些原则呢？最重要的答案是，只要我们确实在思考我们有什么理由，就不能避免这样做，因为关于我们行动理由的每一个结论都是这类一般性原则。除此之外，就像我在第四讲中说的，对这些原则的思考过程是一个更好地理解我们认为自己拥有的理由的过程。例如，我们可以把某种快乐的前景作为在特定情形中以某种方式行事的理由。但需要反思才能明白，这一情形的哪些特征对实现这一目标至关重要。我们对未来实践的思考将反映我们通过这一过程得出的结论，这一般不是因为我们不得不遵循这些原则，而只是因为我们仍旧认为它们所表达的结论是正确的。

特殊主义最常被表述为一种关于道德原则的观点。就像我一直在
118 讨论的实践原则一样，对道德原则的陈述通常是有条件的，其中只有一部分使用了规范词项。例如，如果一个人承诺要做某事，那么他或她就有义务履行这个承诺，条件是，承诺不是非自愿做出的。不过，与此相关的自愿概念本身仍然是规范性的。它不能被等同于一种符合承诺者意志的心理条件，或者被等同于一种“可接受的替代选项”的观念。后一种解释并没有区分对“问你‘要钱还是要命’的劫匪”所

做的付款承诺，以及对“为你做救命手术的外科医生”所做的付款承诺——因为在这两种情况下对承诺的替代选择可能都是“迅速而痛苦地死去”。[15] 为了区分这些情况，我们需要一个更大的道德框架来规定，人们有义务为彼此提供什么以及他们有权保留什么。（如果对外科医生的承诺在道德上有问题，那不是单纯地因为病人已经命在旦夕，而是因为外科医生在要求自己无权要求的东西——就如抢劫犯的情形一样。）

这些道德条件并没有使信守承诺的道德原则变得微不足道或毫无用处。这些条件之所以看起来成为一个问题，是因为道德原则是对我们的某种需求的一种反应，这种需求在于，人们对“在某些重要方面上如何对待彼此”有一种普遍的期望。它们被视作我们有理由遵循的标准，被认为是用来在人际进行批评和辩护的基础。如果需要进一步的道德推理来理解它们在个别情形中要求什么，那么它们似乎就无法发挥这一作用了。

但事实并非如此，至少有两个理由。第一，包含规范条件甚至道德条件的原则可以作为行为和辩护的一种共同标准，因为在大多数情况下我们对满足这些规范条件的非规范条件有足够清楚的共识。不过，我们不应该将关于这些非规范条件的特殊规定视为把握相关原则的完整内容所需要的一切。举个例子，一般情况下，我们都知道自愿承诺和非自愿承诺所需的条件是什么。但是，当难以判断的情况出现时，我们则需要从对相关道德框架的更深入的理解中获得指引：我们必须理解，为什么承诺通常是一种义务，为什么非自愿的承诺必须是一种 119
例外。

第二，当我们反思一个原则并自问这个原则要求什么时，我们总

---

15 休谟在《人性论》第三卷第二部分第五节中指出了这一点。我在《我们彼此亏欠什么》的第六章以及《责任与选择的价值》（“Responsibility and the Value of Choice”）一文中讨论了应该如何理解自愿性。

是在进行道德推理，而不仅仅是从给定的规则中得出结论。在明确的情形中如此，在困难的情形中也是如此。要将给定情形中的一个原则视为具有“道德力量”，通常需要将它所要求的东西视为一套可辩护的人际准则的内容。

现在从道德原则的情形转到行动理由原则的更一般情形。我说过，关于规范关系（如 R、SR 和 CR）的判断，涉及我们所持有的理由的一般性原则。这些原则在两个相关的方面看起来与道德原则有所不同。首先，这些原则的重点不在于充当人际辩护和批评的标准。其次，与道德原则不同，这些原则并不是我们有进一步理由去遵循的标准，而只是我们以这种或那种方式行动的理由的结论。我们通过深思熟虑“遵循”这些原则，并按照与之相一致的方式行事，但它们并不像道德原则被认为的那样约束我们。

这些对比各有可取之处，但差异不应被夸大。第一，关于行动理由的一般性原则的确不是作为人际辩护标准被制定出来的。但在我看来，这些原则除了作为解释和建议的基础之外，还在我们的道德思考中发挥着至关重要的作用。正如我在第四讲讨论道德建构主义时所指出的，关于道德对错的结论取决于个人在特定情况下有理由想要什么和做什么。

第二，问“我们有什么理由做道德所要求的事情”是说得通的，而**一般来说**，问“我们有什么理由做我们认为有理由做的事情”则是说不通的。因此，正如我所说的，人们可能会得出这样的结论：道德原则是在某种程度上约束我们的标准，而表达一般性实践原则的关于行动理由的结论则不是。但这种对比并不总是成立，约束的概念可能是误导性的。

当一个人有决定性理由去做的事情与在心理意义上重要的动机根源背道而驰时，相关意义上的约束就会出现。这完全是一个普遍现象，
120 并不局限于道德义务的情形。此外，当一个人有决定性理由的判断是

通过多层次推理得出的时候，要求给予这个理由的考虑以优先性，就是说得通的。一个人不是在对“做他有理由做的事情”（不融贯地）提出一个理由要求，而是在对“为什么一个特定考虑**是**一个决定性理由”（融贯地）提出一个追问。这种约束的经验在节食和锻炼的例子中是我们很熟悉的，在这些例子中相关的解释是工具性的。道德原则对人的“约束”，就像对朋友的忠诚一样，只是同一事物的非工具性版本。因此，约束是一种普遍的理性现象，而不是道德所独有的。

4

在第一讲中，我列出了七个关于理由的问题，这些问题看起来都需要回答。除了我刚才讨论的关于可择性和强度的问题之外，还有以下问题：

✓ **相关性**：理由都是**对于**行动者而言的理由。如何理解这一相关性特征？

✓ **真值确定性**：理由陈述是否具有独立于我们的意见的真值？“存在不可还原的规范真理”的观念是否具有不可接受的形而上学含义？

✓ **随附性**：理由事实是如何与自然事实相关联的？理由事实并不蕴涵于自然事实，但只要后者不变前者也不会变。这个现象令人费解，需要解释。

✓ **可知性**：如果存在关于理由的不可还原的规范事实，我们如何能够获知它？

✓ **实践意义**：在实践推理和对行动的解释中，理由判断和其他信念（如关于自然世界的信念）的作用不一样。如果理由判断也是信念的话，它们是如何发挥这种作用的？

我将通过回顾我对这些问题的回答来结束这最后一节。对于第一个问题，我采取了一个看似简短的方法。我主张规范判断的基本元素是诸如 R（p，x，c，a）这样的关系——当考虑 p 是行动者 x 在情况 c 中做 a 的理由时成立。这个论点对我来说有相当大的解释性价值。如果我们只关注理由**自身**，即在行动者与其行动的关系中成立的事态 p，那么理由的相关性特征就很可能显得令人困惑。如果我们把基本的规
121 范论断视为明显的非关系论断，比如说一些事物"是理由"或"是好的"，那么问题自然就会出现：这些规范事实与**我们**有什么关系？（这一困惑隐藏于考斯嘉的夸张描述背后：她说，根据实在论的观点，理由是规范实体，我们注意到它"就好像它从眼前飘过"。[16]）"规范领域的基本要素是关系"的观点避免了这一困惑。理由真理是关于**我们**（在某些情况下作为个体）和其他特定事实（通常是但不总是非规范事实）之间关系的真理。所以，"规范事实和我们有什么关系"这一问题有一个显而易见的答案。"规范事实在这种意义上是相关性的"的观点，在我看来并不是特设性的，一旦人们思考它就会发现很自然。它还解释了规范真理的其他特征。

特别地，正如我所论证的，它为"事实 / 价值的区别"的合理解释提供了基础，并解释了随附现象令人困惑的方面，即许多规范真理与非规范真理协同变化却并不为其所蕴涵。更确切地说，它解释了那些**确实在变化着**的规范事实为什么与非规范事实协同变化却并不为其所蕴涵。这种关系之所以成立是通过我所说的纯粹规范真理，它赋予非规范事实以规范性意义。不过，这些纯粹的规范真理本身并不发生变化。

我还简短地谈到了动机的问题，或者称为规范性意义的问题。我说过，"作为理性行动者"的部分含义就是，一个人对自己有理由做什么的信念通常会影响他的后续行动，并能解释那种行动。将信念和

16 《规范性的来源》，第 44 页。

行动之间的这种联系构筑到理性行动者的概念之中，看起来是在乞题。但是不应该这么看。所有替代我的观点的非认知主义视角，都诉诸某种理想的心理模型来解释规范判断与行动的关系：一名行动者（通常会）回应他或她接收到的命令；一名行动者（通常会）执行他或她做出的计划；等等。这些观点的区别只在于，它们使用的理想心理模型不一样。在我看来，没有理由选择这些方案而放弃我的观点，因为正如我在第二和第四讲中所论证的那样，将规范判断视作能够成为真理 122
并能够成为信念和知识的可能对象，这并不会导致形而上学或认识论上的反对意见。认知主义提供了一种更自然、更有吸引力的理论来解释我们对自身理由的看法以及人际理由的争论，这是我们倾向于它的根据。

我在第二讲中说过，“存在着关于实践理由的不可还原的规范真理”的观点，并没有令人应当为之担忧的形而上学含义。我围绕一般的领域概念对本体论问题提出了一种解释，从而为上述主张做出了辩护。只有当某一领域内论断的真值或意义要求该论断所指称的事实或实体是独立于该领域之外的“世界”的一部分时，才会引发领域外部的本体论问题：如果我们对那个外部世界的理解让我们有理由相信，这些事实或实体不可能在其中存在，那么这些问题就的确是令人担忧的。然而，规范真理没有这样的外部含义或预设。这些论断的真值及其对我们的意义，完全可以用该领域的内部词项（即规范词项）来解释。数学真理（如集合论真理）也是如此。

在这两种情况下，仍然存在这样的问题，即这些领域内的陈述是否具有独立于我们的确定真值，以及我们如何才能获知这些真值。我认为，对确定性问题的最佳回应是，（用规范词项或数学词项）对该领域本身进行恰当的一般性解释。通过对我们可以据其发现规范（或数学）真理的那种思考方式进行描述，认识论的问题也将得到回答。既然这样一种解释本身就是一种一般性的规范（或数学）主张，那么就会出现“我们怎样才能获知它”的问题。反思平衡方法是对该问题的一个恰当答案，除非对该领域的最佳理解认为，关于它的事实对我们而言是不可达及的——而我已经证明，无论是规范事实还是数学事实都并非如此。

在我看来，对于我所描述的那种集合理论，有可能得到一个整体性解释。但我认为，无论是对于一般的规范判断还是个别的行动理由判断，都不太可能得到这种整体性解释。我们建立关于规范判断的真

123 理的唯一途径，就是直接地、逐个地运用反思平衡方法。这种方法可以使我们对行动理由判断的真实性具有得到辩护的信心，从而使我们经过辩护地相信这类问题可以有确定答案。但它并不能保证这些问题总是有这样的确定答案：在任何给定情形中是否都有这样的答案，将取决于把反思平衡方法应用于该情形时得到的结果。

考斯嘉说，对于一种实质性的理由实在论解释而言，在考虑过“我们所持有的理由是什么”之后，除了对“我们使它成为正确的”这一点的信心以外，我们就再也得不到什么了。[17] 她这是想批评我所捍卫的那种观点。不过，她对我们处境的描述在我看来大体上是正确的。确实，除了我们对“哪些事物是理由”的最好的**判断**，我们没有什么可依赖的——尽管我们对这些判断的信心可以通过我所描述的那种方式获得辩护。我们无法再要求更多了。要实在地看待理由，我们必须接受这个事实。

17 《规范性的来源》，第 40 页。

参考文献

Benacerraf, Paul, "Mathematical Truth," in Benacerraf and Putnam, pp. 403-420.

——and Hilary Putnam, eds., The Philosophy of Mathematics, second edition (Cambridge: Cambridge University Press, 1983).

Berker, Selim, "Particular Reasons," Ethics 118 (2007), pp. 109-139.

Blackburn, Simon, "Errors and the Phenomenology of Value," in Essays in Quasi-Realism, pp. 149-165.

—— Essays in Quasi-Realism (Oxford: Oxford University Press, 1993).

——"How to be an Ethical Anti-Realist," in Essays in Quasi-Realism, pp. 166-181.

——"Moral Realism," in Essays in Quasi-Realism, pp. 111-130.

—— Ruling Passions (Oxford: Oxford University Press, 1998).

——"Supervenience Revisited," in Essays in Quasi-Realism, pp. 130-148.

Boolos, George, "Iteration Again," Philosophical Topics 42 (1989), pp. 5-21.

——"The Iterative Conception of Set," in Benacerraf and Putnam, pp. 487-502.

Brandt, Richard, A Theory of the Good and the Right (Oxford: Clarendon Press, 1979).

Broome, John, "Does Rationality Consist in Responding Correctly to Reasons?," Journal of Moral Philosophy 4 (2007), pp. 349-374.

Burge, Tyler, Origins of Objectivity (Oxford: Clarendon Press, 2010).

Carnap, Rudolph, "Empiricism, Semantics, and Ontology," in Meaning and Necessity: A Study in Semantics and Modal Logic (Chicago: University of Chicago Press, 1956), pp. 205-221.

Cuneo, Terence, The Normative Web (Oxford: Oxford University Press, 2007).

Dancy, Jonathan, Ethics Without Principles (Oxford: Oxford University Press, 2004).

Davidson, Donald, "Actions, Reasons, and Causes," in Essays on Actions and Events (Oxford: Clarendon Press, 1980), pp. 3-19.

Dreier, Jamie, "Meta-ethics and the Problem of Creeping Minimalism," Philosophical Perspectives 18 (2004), pp. 23-44.

Dworkin, Ronald, Justice for Hedgehogs (Cambridge, MA: Harvard University Press, 2011).

Egan, Andy, "Quasi-Realism and Fundamental Moral Error," Australasian Journal of Philosophy 85 (2007), pp. 205-219.

Enoch, David, Taking Morality Seriously (Oxford: Oxford University Press, 2011).

Feferman, Solomon, "Conceptions of the Continuum," Intellectica 51 (2009), pp. 169-189.

Field, Hartry, "Platonism for Cheap? Crispin Wright on Frege's Context Principle," in his Realism, Mathematics and Modality (Oxford: Basil Blackwell, 1991), pp. 147-170.

Fine, Kit, "The Varieties of Necessity," in Tamar Szabó Gendler and John Hawthorne, eds., Conceivability and Possibility (New York: Oxford University Press, 2002), pp. 253-281.

Foot, Philippa, Natural Goodness (Oxford: Oxford University Press, 2001).

Freeman, Samuel, ed., The Cambridge Companion to Rawls (Cambridge: Cambridge University Press, 2003).

Gert, Joshua, Brute Rationality: Normativity and Human Action (Cambridge: Cambridge University Press, 2007).

——"Normative Strength and the Balance of Reasons," The Philosophical Review 116 (2007), pp. 533-562.

Gibbard, Allan, Thinking How to Live (Cambridge, MA: Harvard University Press, 2003).

—— Wise Choices, Apt Feelings (Cambridge, MA: Harvard University Press, 1990).

Gödel, Kurt, "What Is Cantor's Continuum Problem?," in Benacerraf and Putnam, pp. 470-485.

Goodman, Nelson, Fact, Fiction, and Forecast (Cambridge, MA: Harvard University Press, 1953).

Hare, R. M., The Language of Morals (Oxford: Oxford University Press, 1952).

Harman, Gilbert, "Moral Relativism Defended," Philosophical Review 84 (1975), pp. 3-22.

—— The Nature of Morality (New York: Oxford University Press, 1977).

——"Notes on Practical Reasoning,"<http: //www.princeton.edu/~harman/ Papers/ SPAWN.pdf> (2007).

Hume, David, A Treatise of Human Nature, ed. L. A. Selby-Bigge (Oxford: Oxford University Press, 1968 (1739)).

Jackson, Frank, From Metaphysics to Ethics (Oxford: Oxford University Press, 1998).

Kelly, Thomas, "Peer Disagreement and Higher Order Evidence," in Richard Feldman and Ted A.Warfield, eds., Disagreement (Oxford: Oxford University Press, 2010), pp. 111-174.

—— and Sarah McGrath, "Is Reflective Equilibrium Enough?," Philosophical Perspectives 24 (2010), pp. 325-359.

Koellner, Peter, "Truth in Mathematics: The Question of Pluralism," in Otávio Bueno and Øystein Linnebo, eds., New Waves in Philosophy of Mathematics (New York: Palgrave Macmillan, 2009), pp. 80-116.

Kolodny, Niko, "Aims as Reasons," in Samuel Freeman, Rahul Kumar, and R. Jay Wallace, eds., Reasons and Recognition: Essays on the Philosophy of T. M. Scanlon (New York: Oxford University Press, 2011), pp. 43-78.

Korsgaard, Christine, "Acting for a Reason," in The Constitution of Agency, pp. 201-229.

—— The Constitution of Agency (Oxford: Oxford University Press, 2008).

——"The Normativity of Instrumental Reason," in The Constitution of Agency, pp. 27-68.

—— Self-Constitution: Agency, Identity, and Integrity (Oxford: Oxford University Press, 2009).

—— The Sources of Normativity (Cambridge: Cambridge University Press, 1996).

Mackie, John, Ethics: Inventing Right and Wrong (Harmondsworth: Penguin Books, 1977).

McDowell, John, "Non-Cognitivism and Rule Following," in Steven Holzman and Christopher Leich, eds., Wittgenstein: To Follow a Rule (London: Routledge, 1981), pp. 141-162.

——"Values and Secondary Qualities," in Ted Honderich, ed., Morality and Objectivity (London: Routledge & Kegan Paul, 1985), pp. 110-129.

Nagel, Thomas, The Possibility of Altruism (Oxford: Oxford University Press, 1970).

—— The View from Nowhere (Oxford: Oxford University Press, 1987). Nietzsche, Friedrich, On the Genealogy of Morality, ed. Maudemarie Clark and Alan J. Swensen (Indianapolis: Hackett Publishing, 1998).

O'Neill, Onora, Constructions of Reason (Cambridge: Cambridge University Press, 1989).

Parfit, Derek, "Justifiability to Each Other," in Philip Stratton-Lake, ed., On What We Owe to Each Other (Oxford: Blackwell Publishing, 2004), pp. 67-89.

—— On What Matters (Oxford: Oxford University Press, 2011).

Parsons, Charles, Mathematical Thought and Its Objects (Cambridge: Cambridge University Press, 2008).

——"What Is the Iterative Conception of Set?," in Benaceraf and Putnam, pp. 503-529.

Prior, A. N., "The Autonomy of Ethics," Australasian Journal of Philosophy 38 (1960), pp. 199-206.

Putnam, Hilary, The Collapse of the Fact/Value Dichotomy (Cambridge, MA: Harvard University Press, 2002).

—— Ethics Without Ontology (Cambridge, MA: Harvard University Press, 2004).

Quine, Willard, The Pursuit of Truth (Cambridge, MA: Harvard University Press, 1990).

Quinn, Warren, "Putting Rationality in its Place," in his Morality and Action (Cambridge: Cambridge University Press, 1993), pp. 228-255.

Rawls, John, A Theory of Justice (Cambridge, MA: Harvard University Press, 1971).

—— Collected Papers, ed. Samuel Freeman (Cambridge, MA: Harvard University Press, 1999).

——"The Independence of Moral Theory," in Collected Papers, pp. 286-302.

——"Kantian Constructivism in Moral Theory," in Collected Papers, pp. 3-58.

——"An Outline of a Decision Procedure for Ethics," in Collected Papers, pp. 1-19.

—— Political Liberalism (New York: Columbia University Press, 1993). Raz, Joseph, Engaging Reason (Oxford: Oxford University Press, 1999).

——"Incommensurability and Agency," in Engaging Reason, pp. 46-67.
—— The Morality of Freedom (Oxford: Oxford University Press, 1986).
——"The Myth of Instrumental Rationality," Journal of Ethics and Social Philosophy 1 (2005), pp. 1-28.
——"Reasons: Practical and Adaptive," in David Sobel and Steven Wall, eds., Reasons for Action (Cambridge: Cambridge University Press, 2009), pp. 37-57.
Rippon, Simon, An Epistemological Argument for Moral Response-Dependence (PhD dissertation, Harvard University 2010).
Rosen, Gideon, "Blackburn's Essays in Quasi-Realism," Nous 32 (1998), pp. 386-405.
Scanlon, T. M., "How I am not a Kantian," in Parfit, On What Matters, Volume Two, pp. 116-139.
——"Rawls on Justification," in Freeman, ed., The Cambridge Companion to Rawls, pp. 139-167.
——"Reasons: A Puzzling Duality?," in R. Jay Wallace, Philip Pettit, Samuel Scheffler, and Michael Smith, eds., Reason and Value: Themes from the Moral Philosophy of Joseph Raz (Oxford: Oxford University Press, 2004), pp. 231-246.
——"Responsibility and the Value of Choice," Think 12 (2013), pp. 9-16.
——"Structural Irrationality," in Geoffrey Brennan, Robert Goodin, Frank Jackson, and Michael Smith, eds., Common Minds: Essays in Honor of Philip Pettit (Oxford: Oxford University Press, 2007), pp. 84-103.
——"The Unity of the Normative," Philosophical Studies 154 (2011), pp.443-450.
—— What We Owe to Each Other (Cambridge, MA: Harvard University Press, 1998).
——"Wrongness and Reasons: A Reexamination," in Russ Shafer-Landau, ed., Oxford Studies in Metaethics, Vol. 2 (Oxford: Oxford University Press, 2007), pp. 5-20.
Schroeder, Mark, Slaves of the Passions (Oxford: Oxford University Press, 2007).
Searle, John, The Construction of Social Reality (New York: The Free Press, 1995).
Shoenfield, J. R."Axioms of Set Theory," in Jon Barwise, ed., Handbook of Mathematical Logic (Amsterdam: North Holland, 1977), pp. 321-344.
Skorupski, John, The Domain of Reasons (Oxford: Oxford University Press: 2010).
Smith, Michael, The Moral Problem (Oxford: Blackwell Publishers, 1994).

——"Objectivity and Moral Realism: On the Significance of the Phenomenology of Moral Experience," in his Ethics and the A Priori: Selected Essays on Moral Psychology and Meta-Ethics (Cambridge: Cambridge University Press, 2004), pp. 234-258.

Street, Sharon, "A Darwinian Dilemma for Realist Theories of Value," in Philosophical Studies 127 (2006), pp. 109-166.

——"In Defense of Future Tuesday Indifference: Ideally Coherent Eccentrics and the Contingency of What Matters," Philosophical Issues 19 (2009), pp. 273-298.

Tait, William W., "Beyond the Axioms: The Question of Objectivity in Mathematics," in his The Provenance of Pure Reason, pp. 89-104.

—— The Provenance of Pure Reason: Essays in the Philosophy of Mathematics and Its History (Oxford: Oxford University Press, 2005).

——"Truth and Proof: The Platonism of Mathematics," in his The Provenance of Pure Reason, pp. 61-88.

Thomson, Judith, Normativity (Peru, IL: Open Court Publishing, 2008). Wallace, R. Jay, "Normativity and the Will," in his Normativity & the Will: Selected Essays on Moral Psychology and Practical Reason (Oxford: Oxford University Press, 2006), pp. 71-81.

Williams, Bernard, Ethics and the Limits of Philosophy (Cambridge, MA: Harvard University Press, 1985).

——"Internal and External Reasons," in his Moral Luck (Cambridge: Cambridge University Press, 1981), pp. 101-113.

——"Replies," in J. E. J.Altham and Ross Harrison, eds., World, Mind, and Ethics: Essays on the Ethical Philosophy of Bernard Williams (Cambridge: Cambridge University Press, 1995), pp. 185-224.

Williamson, Timothy, The Philosophy of Philosophy (Malden, MA: Blackwell Publishing, 2007).

Wright, Crispin, Frege's Conception of Numbers as Objects (Aberdeen: Aberdeen University Press, 1983).

—— Truth and Objectivity (Cambridge, MA: Harvard University Press, 1992).

索　　引*

---

* 索引页码参考原书页码，即本书边码。索引为内容指向，与正文非严格一一对应。n 为注释。——编辑注

D

E

F

G

H

I

J

K

L

M

N

O

P

Q

R

S

T

U

V

W